婴语一本通

吴利霞／编著

中国财富出版社

图书在版编目（CIP）数据

婴语一本通／吴利霞编著 . —北京：中国财富出版社，2015.2
ISBN 978－7－5047－4032－8

Ⅰ.①婴…　Ⅱ.①吴…　Ⅲ.①婴幼儿—哺育—基本知识
Ⅳ.①TS976.31

中国版本图书馆 CIP 数据核字（2011）第 217768 号

策划编辑	刘天一		**责任印制**	何崇杭
责任编辑	刘天一		**责任校对**	梁　凡

出版发行	中国财富出版社			
社　　址	北京市丰台区南四环西路 188 号 5 区 20 楼		**邮政编码**	100070
电　　话	010－52227568（发行部）		010－52227588 转 307（总编室）	
	010－68589540（读者服务部）		010－52227588 转 305（质检部）	
网　　址	http://www.cfpress.com.cn			
经　　销	新华书店			
印　　刷	北京京都六环印刷厂			
书　　号	ISBN 978－7－5047－4032－8/TS·0051			
开　　本	710mm×1000mm　1/16		**版　　次**	2015 年 2 月第 1 版
印　　张	13.5		**印　　次**	2015 年 2 月第 1 次印刷
字　　数	163 千字		**定　　价**	29.80 元

前　言

　　做一个合格的母亲，是每一个女人的终极梦想和责任，但是在这条孕育和抚养宝宝的道路上，并非像我们所想象得那样简单，它其实是每一个女人重新认识自我、感知自我、陪伴宝宝成长的一个新的旅程。

　　当今的80、90后小夫妻大多都是独生子女，有时候连自己的生活起居都很难达到一个好的安排效果，更别说要照顾一个弱小的新生婴儿了。所以对于这些小夫妻来说、特别是新妈妈们，一定要学习和掌握一些育婴常识，只有这样才能读懂宝宝的语言、表情、动作及其他反应，也才能陪伴宝宝健康、自由、快乐地成长。

　　作为一个新妈妈，你是否在为宝宝夜夜啼哭而不知所措呢？

　　你是否在为宝宝刚睡醒还一直不停地打哈欠而困惑呢？

　　你是否在为宝宝喜欢双手乱舞、双脚不停抖动而烦恼呢？

　　……

　　面对每一个新生婴儿的诞生，初次担任妈妈角色的你，也许会有更多的困惑和忧虑，因为宝宝还不能完全地表达自己的思想和意愿，所以，对于你来说这些肢体语言和面部表情都显得很陌生、很茫然。但是在这本书里我们会给你一一解读，让你在无声的言语和默契中打开宝宝的心扉，实现和宝宝心与心的交流，给宝宝的身心

健康提供一个良好的平台。

对于将要成为妈妈的广大女性来说，如果你想使自己在抚养宝宝的道路上少走一些弯路，多一些制胜的法宝和武器的话，就一定要全副武装自己。只有这样才能使自己在养育宝宝的过程中减少一些阻力和烦恼，尽快地解读出宝宝的语言和思想，从而陪伴宝宝健康快乐地成长。

本书主要通过对 1 周岁左右的婴幼儿的一些成长习惯，包括面部表情、肢体语言、行为动作以及喂养过程中出现的异常现象加以解读和分析，从而使新妈妈们有一个很好的借鉴经验和学习方法，进而保证宝宝有一个健康的成长指南和向导。

在本书编写过程中，刘瑞琴、刘瑞军、李贝贝、秦卫洪、史峰、王乾、许志强、彭亚丽、李中宾等人给予了鼎力支持，在此表示深深感谢 。

编　者
2014 年 11 月

目录

上篇　一词多解

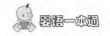

下篇　情境婴语

上 篇

一词多解

第一章　哭闹——宝宝又哭又闹咋回事儿

1. 宝宝洗澡哭闹是怕水吗

情景模拟

　　一天下午，小敏和丈夫田兵在家里给宝宝洗澡，可宝宝一直哭闹，怎么都哄不住。他俩一脸的无奈。这两个人一心想着脱离父母的"包围圈"，工作又都距家很远，两个人就在城市里租了个房子住。

　　这对年轻的夫妻没有任何的育儿经验，根本不知道怎么照顾孩子。在给宝宝洗澡的时候，宝宝从脱衣服的时候就开始哭，把宝宝放到水里，宝宝就一直往外爬，不肯待在水里。

　　所以，每到该给宝宝洗澡的时间，小敏很头疼，不知道如何是好。隔壁王阿姨听着宝宝越来越凶的哭闹，于心不忍敲了敲门。田兵过去开了门请王阿姨进来，一脸无奈地看着王阿姨，王阿姨进来后看到客厅一片狼藉，到处都是弄撒的水，小敏抱着孩子来回走着，哄着哭闹的宝宝。

　　小敏说："宝宝一洗澡总是哭闹，很害怕见到水。"

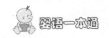

王阿姨说:"孩子都是喜欢玩水的啊,你放的水温太高了吧?"

小敏说:"我用手感觉了一下,不是太热,我怕孩子感冒,所以我放的洗澡水要稍微热一点。有时是我给宝宝放洗澡水,有时由宝宝爸爸放。"

王阿姨说:"两个人放的水温不一样,宝宝很容易感到忽冷忽热,再说了你用手感觉温度很难把握,宝宝的皮肤娇嫩,对水温的感受和大人有很大的区别啊。"

王阿姨抱过孩子,小敏又去换了一盆水,她用水温计测了一下40℃。王阿姨把宝宝放到水里后,宝宝反抗没有原来那么强烈了。王阿姨说:"你放的水温估计太高了,你去把毛巾和宝宝的玩具拿来几个,缓和一下宝宝的情绪。"

小敏看到宝宝不怕水了,赶紧拿来了玩具,不一会儿宝宝开始玩起了玩具,丝毫不在意王阿姨在旁边给自己洗澡,好像王阿姨就是自己的亲妈妈一样。王阿姨用一条毛巾放在了宝宝的脚下,小敏看到这个情景,羞愧地说:"还是王阿姨有经验啊!"

解 析

从情景中可以看出,这对年轻的夫妇并不明白宝宝的哭闹是什么原因。当给宝宝脱衣时,宝宝已经开始哭泣表示抗议,他们没有安抚宝宝的情绪,忽视了宝宝的感受。

当宝宝急于离开浴盆时,他们以为是宝宝怕水。

隔壁阿姨看到宝宝这么凶的哭泣,根据经验,很快解决了这个问题。因此,给宝宝洗澡,水温的控制很重要,太冷了,宝宝抵抗力差，容易得感冒；太热的话，宝宝皮肤敏感，大人觉得热一点没有什么，而宝宝就会觉得太烫了，无法忍受。

给宝宝洗澡时，要注意宝宝的情绪。宝宝不会无缘无故地哭闹，宝宝哭闹的时候，要考虑到宝宝是否是因为感受到了害怕、不适、紧张等。

我们常说的哄宝宝就是安抚宝宝的情绪。宝宝不能说话，只能用哭闹引起大人的注意，如果大人不注意观察，不去分析原因，就会错过宝宝给的提示。

隔壁王阿姨并不知道宝宝需要什么，但根据她的经验，能有一个大致的了解。她用毛巾护着宝宝，一方面自己用手扶宝宝时，不容易打滑；另一方面宝宝踩着也会有安全感，自己不容易摔倒。

在给宝宝洗澡时，放一些嬉水玩具或是宝宝平时经常玩的玩具，这些玩具可以用来转移宝宝的注意力，让宝宝感到愉悦。这会让宝宝很听话，大人给其洗澡的时候不会太麻烦。

宝宝怕水是多方面的原因，总结出来有四点：

（1）宝宝受到了惊吓或是感到害怕。宝宝在玩耍中，突然被脱光衣服、放进了陌生的水里，没有一个适应的过程。

（2）在其洗澡时，水温没有调节好。其中，洗澡水太热是最常见的情况。

（3）洗发露或是洗澡水流进了眼睛里，这对眼睛是一种刺激，宝宝感到很不适。

（4）凉凉的黏稠沐浴露和硬邦邦的肥皂直接接触宝宝的身体，让宝宝感到了不舒服。

宝宝洗澡哭闹并不完全是因为怕水。有时洗澡的方式方法不对，

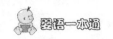

是宝宝不喜欢洗澡的最大原因。

给宝宝洗澡也有讲究，为了宝宝能够安心地乖乖地洗澡，方式方法一定要注意。

❤ *爱婴小贴士*

宝宝洗澡时，要给宝宝足够的安全感，家人要一直保持在宝宝伸手就能抓住的地方，同时大人不要紧张或是慌张。

要根据大人和宝宝的情况，选择一天中双方状态最稳定的时候，洗澡前要确保宝宝不饿，有适当的进食，但也不能太饱，宝宝处于安静清醒的状态。

洗澡前要准备好毛巾、柔和的肥皂和婴儿沐浴露、大浴巾、尿布、干净的衣服等。

洗澡用的浴盆要放在一个稳妥的地方，大人可以行动自如，同时注意一下房间的保暖和通气。

洗澡水温一般40℃左右，最好用水温计测一下，让宝宝感到温暖舒适。

在洗澡时要时刻关注宝宝的动向，可以在浴盆放一条毛巾以防止打滑，这期间，不要离开宝宝去做别的事。

在用手抹肥皂或是沐浴液时，要轻轻地慢慢地往宝宝身上涂，让宝宝不易发觉这种不适。为了吸引宝宝的注意力，可以在澡盆里放一两个小玩具陪伴宝宝，不让宝宝感觉受到了忽视。

在洗澡过程中，和宝宝说话或是给宝宝唱歌。这会让大人感到放松的同时，通过声音的传递，宝宝也会感到一种平和或轻松。总之，要让宝宝觉得洗澡是一件开心的事，大人也乐于去做的事。

2. 看到陌生人也会哭闹

情景模拟

一个星期天的午后，小冰在家里照看宝宝，看到宝宝一个人玩得很开心，她也非常的高兴。无所事事之余，小冰感到很是无聊。因为她每天自言自语地给宝宝说很多的话，逗宝宝玩，作为一个大人，天天如此，她感到自己差不多与世隔绝了。

于是她就打电话给周末不上班的朋友小静，让她过来陪自己说说话。

小静是一个活泼开朗的女孩，接到小冰的电话邀请，心想反正也没什么事，高兴的答应了。不一会儿，她就到了小冰的家。小静只是在宝宝刚出生不久的时候见过宝宝，这次见到小冰的宝宝特别亲热，马上就把宝宝抱了起来。

这时，发生了一件让小静很没有想到的事情：宝宝本来一个人玩得挺高兴，小静抱起来后突然就哇哇哭了起来。显然宝宝对小静表现了很强的排斥情绪。小静不解地说："宝宝这是怎么了，这么小就开始认生了啊？"小冰说："也许吧，我不经常出去，和宝宝整天待在家里，他见到家里的人很高兴，见到外边的人就会哭闹，我也不知道怎么回事。"

"那也不能因为宝宝会哭闹，就不让他接触外面的人，宝宝将来会变得胆小，害怕与人接触的。"小静说。

　　"那行，我们出去晒晒太阳，散散步吧，在家里也闷得慌，我也感觉自己很不舒服。"小冰说着推出了宝宝的婴儿车。

　　小静拿了好多玩具，在柔和的阳光下，宝宝的情绪稍微缓和了些。之后她开始用各种方法逗宝宝开心。这个下午，小静做了好多生动夸张的表情，小冰在一旁看着，她也止不住地笑，再看看宝宝，宝宝刚刚哭的泪水还没有干，就开始笑了，很滑稽很可爱。

　　看到开心的宝宝，小静嘟着嘴说："为了你家的公子，我表情都要僵硬了，你可要补偿我哦！"

解　析

　　很显然，情景中的妈妈经常和宝宝待在家，很少出门，这无形中对宝宝的成长带来了影响。宝宝在生活中，如果很少接触陌生的环境或是陌生的人，就会对家人产生很强的依赖，变得很难适应外界环境的改变。

　　于是就出现了情景中的情况，宝宝显得特别怕生、胆小、还会哭闹。见到陌生的人哭闹其实是宝宝消极情绪的一种反应。如果发生了这样的情况，妈妈不要为了排解当时尴尬的场面而责怪自己的宝宝，或是违背宝宝的意愿，强迫其与陌生人接触。

　　在这种情况下，妈妈对宝宝不要听之任之，而是要帮其改变。我们可以抱起宝宝，让他有安全感，然后一边轻拍他，一边安慰他，这样他就会有一种安全感，可以缓解宝宝紧张、恐惧的情绪。等宝宝情绪稍微平和些，不再哭闹了，可以让对方用玩具或是动作逗宝宝玩，让宝宝在玩闹中渐渐熟悉对方，不再有陌生感。

　　另外，"怕生"是宝宝成长到一定阶段的必然反应。这里体现了宝宝感知、辨别和记忆能力，还有情绪和人际关系的发展。

　　3~4个月的宝宝已经能够对妈妈做出一定的反应，比如妈妈走近宝宝，宝宝就会很欣喜。5个月的时候，随着宝宝自我认知范围和活动范围的扩大，宝宝已经能区别出父母和其他人。6个月的宝宝已经开始有了依赖、害怕、怕生、讨厌、喜好等情绪，对熟人表现出明显的好感，对陌生人则表现得躲躲闪闪，不愿与其接触。8~9个月的宝宝认知能力更强，怕生的现象则更为常见。

爱婴小贴士

　　对于认生的宝宝，妈妈可以采取以下措施，改善宝宝认生的状态。

　　（1）逐步让宝宝接触外界

　　在宝宝还不懂得认生的时候，父母可有意识地让宝宝多接触其他人。比如，让家庭其他成员帮忙照顾宝宝，给宝宝喂水、穿衣服、换尿布、和宝宝说话、抱着宝宝玩等，这样试着让宝宝接触陌生的人和环境，增强宝宝的适应性。

　　（2）消除宝宝以往消极的情绪影响

　　如果宝宝曾经去医院打过针，对疼痛有很深的印象，那宝宝会一见到穿白大褂的就害怕。如果医生戴着眼镜的话，宝宝很可能一见到戴着眼镜的陌生人就感到害怕。这一类的宝宝，区别能力不强，父母可有意识地让宝宝接触一些不同类型的陌生人，爸妈也可以在家里穿白大褂，让宝宝习惯，逐步帮宝宝把不好的阴影丢掉。

　　（3）给予宝宝心理安慰

　　当宝宝出现怕生的情况时，要安抚宝宝的情绪。宝宝对亲密的

妈妈有很多的依赖，对陌生人则会产生焦虑和回避的倾向。在宝宝不适应外界环境不愿和陌生人交往时，妈妈要给宝宝足够的鼓励，如告诉"宝宝不要怕，勇敢的孩子不哭闹"等；而不是在一旁吓唬宝宝："再不听话，就叫陌生人把你抱走。"、"你不乖，我不要你了，让陌生人把你抱走"等。

（4）扩大宝宝的交往范围

让宝宝习惯跟妈妈或是家庭成员以外的人交往，逐步使宝宝接触"熟悉的人较少，陌生的人较多"的环境。多带宝宝到人多的地方，让宝宝和其他孩子接触，逐渐减少宝宝的陌生感。

不要把宝宝局限于一个固定的空间，这会使宝宝的认识变得狭隘，认为世界就是这么大。妈妈要逐步扩大宝宝的认知面，宝宝的认知范围大了，对陌生的人或是陌生的环境的恐惧感就会有所减少，随着宝宝的成长，这种恐惧感会越来越小，自然就不会再怕生了。

3. 宝宝夜间哭闹为什么

情景模拟

张静和丈夫孙磊是一对年轻的小夫妻，这对小夫妻因为宝宝哭闹经常吵架。宝宝晚上不明原因地一直哭闹，让两个人很头疼。

起初，夫妻俩以为是家里不安静，宝宝被惊醒了。每当孙磊下班回来，张静就小声叮嘱他，要他说话、吃饭小声点。孙磊小心翼翼，从没敢大声说过一句话，在家里他感觉很憋屈，但为了宝宝，他还是忍耐了下来。

可是，一到晚上，宝宝就不停地哭闹，孙磊白天还要上班，晚上睡不好觉，为此他和张静没少争吵，责怪张静不会带孩子。

张静也是满肚子的委屈，她之前参加了育儿课程，也看过一些育儿的书籍，可是宝宝睡得好好的为什么就突然哭闹呢？这一点她也不明白。

有一次，张静抱着宝宝在小区里乘凉，她和旁边另一位妈妈交谈了起来。

"你家宝宝怎么没有精神，怎么逗他都不笑，也不爱玩，是不是晚上没有睡好？"

"你家宝宝晚上睡觉好不好？我家宝宝一到晚上就闹个不停。"

"我家宝宝睡得很好啊，一觉到天亮，是不是宝宝怕黑或是吵着他了？"

"不会啊，这些我都特别的注意，晚上很安静，我们都是开着灯睡的。不过，宝宝经常是睡着睡着就哭醒了。"

"这样啊，我最近在看一本关于"婴语"的书，照你说的情况，宝宝该不会是缺钙了吧？"那位妈妈说。

张静心里也没有底，宝宝老是哭也没有办法，她就带着宝宝去了趟医院。

在医院做了检查才知道，宝宝的确是缺钙了。医生开了一点补钙的药，经过一段时间后，宝宝晚上睡觉醒的状态有了很大的改善。

❤ 解 析

可以看出，情景中的张静夫妇对宝宝的哭闹真的是一无所知。他们在以大人的逻辑猜测宝宝的哭闹。用普遍的情况去分析宝宝夜

间的哭闹，其实宝宝夜间哭闹有时并不是吵闹、黑暗的原因。

宝宝夜晚哭闹，缺钙是其中的一方面，那么如何判断宝宝缺钙呢？在照顾孩子时，可以通过以下几个方面的观察进行判断孩子是不是缺钙。

（1）宝宝晚上睡觉多汗，宝宝不管盖得厚薄都会出汗，而与温度无关，尤其是入睡后头部出汗。

（2）宝宝头部会老是摩擦枕头，脑后出现枕秃圈，这也是一种缺钙的表现。

（3）宝宝情绪不活跃，对周围的事物不感兴趣，出现了精神烦躁。

（4）宝宝夜间突然地哭闹，一直哭个不停。

以上这些，都是缺钙的一些表现。

宝宝夜晚哭闹有很多原因，家长要善于发现宝宝的"异常"情况。宝宝哭闹是不是饿了？尿布湿了没有？宝宝身上有没有异物？宝宝盖得衣被太多了，还是太少了？宝宝是否发热了？是不是受到了惊吓？等等。如果没有这些"异常"，那就试着尽量去安抚宝宝的情绪。如果宝宝夜晚的哭闹还是没有得到改善的话，就要去咨询医生，给宝宝做一个检查。

宝宝的夜间哭闹，大致可以分为两种，一种是病理性引起的哭闹，另一种是非病理性引起的哭闹。宝宝体内或是体外的不适，让宝宝感到难以忍受，所以用哭闹发泄自己的情绪，这一点我们需要注意。

情景中的这一种情况，这属于病理性引起的哭闹，宝宝因缺钙而哭闹。其他病理性的疾病还有发热、中耳炎、感冒、扁桃体发炎、肺炎、湿疹、溃疡等，需要注意的还有消化系统疾病，宝宝是否食欲不振，产生厌食等。

宝宝如果患了佝偻病夜间也会哭闹不止。有的宝宝服用的鱼肝油过多，造成维生素 A 或维生素 D 中毒时，宝宝也会出现烦躁、哭闹的现象。

注意检查宝宝是否感染了寄生虫，有一种白色米线样的蛲虫会停留在宝宝的肛门口，宝宝会因肛门口发痒而不停地哭闹。

爱婴小贴士

宝宝在夜间哭闹很让家人担心，宝宝睡不好，家人也睡不好。白天宝宝可以继续睡，而大人就要开始忙工作了。长期这样下去，宝宝受不了，家人也受不了。宝宝哭闹的原因多种多样，在精心呵护宝宝的同时，我们需要多观察，多留意。

一般情况下，6 个月内的宝宝白天会睡 3～4 次，每次会睡 1～2 小时；6 个月到 1 岁的宝宝，白天会睡 2～3 次，但每次会有 2～3 小时。宝宝的睡觉时间一定要把握好，让宝宝有规律地睡觉。

如果宝宝白天时间睡觉太久的话，必然会影响到宝宝晚上的睡眠。在白天，对宝宝的睡觉不可"听之任之"。家长可以唤醒宝宝，或是逗宝宝多玩一会儿，让宝宝逐渐形成白天睡得少晚上睡得多的习惯。

宝宝晚上睡得不安稳，哭闹后首先检查一下尿布的情况，因为宝宝随时都会大小便，而这些都会使宝宝感到不适。其次，就是宝宝是否睡得舒服，温度是否适宜。衣服过紧或是睡姿不好，宝宝也

会吵闹。另外被子不要太厚，宝宝有可能会被热醒。

如果宝宝夜间哭闹，回想一下宝宝是不是吃得太多或是还没有吃饱。宝宝会因腹部不适或是饥饿而哭闹。这就需要年轻的爸爸妈妈掌握宝宝的食量。

如果宝宝身上被蚊虫叮咬，或是身上出现了湿疹，这时候宝宝会感到瘙痒难耐，宝宝也会哭闹。

宝宝哭闹是一件很平常的事，但对于夜间的哭闹，我们需要从各个方面进行分析观察，消除宝宝身上的不适，让宝宝养成一个良好的睡觉习惯。

4. 宝宝瘪嘴，随即啼哭

情景模拟

都说妈妈最不满的就是宝宝无缘无故的哭闹，这句话一点也不假。特别是年轻的妈妈对于照顾宝宝没有经验，不知道宝宝需要什么，经常误解宝宝，抱怨宝宝的不懂事。

在一个家庭的客厅，一位妈妈看着突然哭起来的宝宝说："宝宝睡得好好的怎么就突然瘪起了嘴，随后就大哭呢？"

婆婆此时正在择菜做饭，忙说："会不会饿了，瘪嘴可就是表示不满啊。"

这位妈妈一脸的疑惑，心想，在这方面她很操心啊，每天都是按时按点给宝宝喂奶，再说了，宝宝刚吃奶还不到半个小时，怎么会饿呢？

这位妈妈想了一会儿，就抱怨了起来，她说："宝宝真麻烦，没事瘪嘴就哭，我都烦了。"婆婆笑着说："宝宝多可爱啊，照顾宝宝要有耐心，更要细心，你看看宝宝是不是该换尿片了。"

这位妈妈说："我每天都看好几十次啊，我刚看了，宝宝没有大小便，尿片好好的。他怎么睡觉老不踏实，会不会是做梦了，然后就哭了。"

婆婆边摇头边走过来看宝宝，她见宝宝每次睡觉保持一贯的睡姿，一边侧躺，她猜想宝宝会不会这样躺累了，不舒服，就拍了拍宝宝，顺便给宝宝换了个睡姿。这下，宝宝哭闹了一会儿后，慢慢的停止了哭泣，又甜甜地睡着了。

这位妈妈一脸的无奈，自己总是猜不透宝宝的心思，有时自己刚离开宝宝一会儿，宝宝就会瘪着嘴哭闹，有时宝宝一个人玩得挺好，自己在他旁边做别的事没有管他，宝宝也会随即瘪嘴哭闹。

解　析

宝宝瘪嘴其实是一种要求的表现。虽然宝宝不会说话，但不代表他们没有自己的需求。当宝宝有需求的时候，常会把自己的心思表现在面部表情上，因此，我们要明白宝宝的表情所传达的信息。

情景中宝宝突然的哭泣，是因为睡姿问题，如同我们大人一个动作长了之后，需要换一个动作来减少疲劳一样，其实宝宝也有这方面的需求，当给宝宝换一个睡姿之后，会减少之前睡姿的疲劳，因此会停止哭泣。

对于宝宝的瘪嘴，随即啼哭，其实更多的是一种需求的表现，

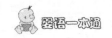

比如在宝宝玩耍的过程中，我们转移了目光，宝宝会感觉到我们忽视了他，也会瘪嘴啼哭。宝宝瘪嘴后随即大哭，说明宝宝受到了委屈，心里感到了不适。这种不舒服也可能是因为尿片湿了、饿了或是睡姿不好；也可能是感到了寂寞、不想睡觉了、想要和大人玩等原因造成的。

宝宝的哭声是一种最初的心理语言，一般小于半岁的宝宝不能够用语言或是动作来表达自己的需要和意愿。因此，啼哭是和情绪、感觉以及生理需要紧密联系在一起的。这个时候，不要认为给宝宝按时吃饭了、没有大小便就没有什么不妥。随着宝宝的成长，宝宝心理的需要会越来越多，他们开始不满足于只是生理的需要。而对于情绪的发泄，他们在会说话之前，通过啼哭表达。

宝宝的啼哭是一种本能，目的是通过啼哭以引起父母的注意。有时候，宝宝在睡着时突然瘪嘴哭闹，可能是因为他们被外界的声音吵醒了，他们感到了不乐意，所以会瘪起嘴哭起来。这时我们用手轻轻的拍拍，给予宝宝一定的回应，让宝宝感受到我们对他的在乎，随即就会停止啼哭。

细心的父母要注意观察宝宝不同的表情，掌握宝宝不同的哭闹的需求，然后给予满足。这也是一种无声的沟通，在这个过程中，我们要善于摸索规律，与宝宝形成一种默契。

爱婴小贴士

宝宝成长的过程，是认识世界的一个过程。他们对于自己所接触到的事物并不是无动于衷的。宝宝会表现出自己的喜好、自己的情绪。

宝宝的需要得不到满足后就会瘪嘴，父母要善于观察宝宝嘴形的变化。经过长期的观察得出：男婴要小便的时候就会噘嘴，而女婴则更多的表现为咧嘴或是上唇紧含下唇。

瘪嘴是宝宝的一种情绪体验。当宝宝吃饱了、睡足了、舒服了、他们就会表现出愉快满足积极的情绪；相反，当饥饿、瞌睡、身体不适时，他们就会苦恼或是瘪嘴，出现难受消极的情绪。

宝宝情感的发展随认知、生理的发展而发展，2 个月左右的宝宝，他们的情绪已经不再像新生儿那样，情感完全和生理的需要相联系。这时候的宝宝已经有了和他人接触的需要，他们已经不再每天保持吃和睡的状态，他们愉快不愉快的情绪取决于是否有人和他们说话，逗他们玩。

如果有成人形影不离地陪伴，有人关注着他，逗他玩，宝宝会更加活跃，表现出愉悦的情绪，当然这时候就不会瘪嘴或是哭闹了。

良好的情绪有利于丰富宝宝的情感世界，这对宝宝的健康和智力的发育也是大有裨益的。家长要注意培养孩子良好的情绪，摸清宝宝哭闹的原因，并及时给予关爱和照顾，这样才能有效制止宝宝的哭闹。

5. 宝宝不吃奶，啼哭不止

情景模拟

在一个清晨，宝宝还没有睡醒，一位妈妈看着熟睡的宝宝会心地笑了。这位妈妈对自己的宝宝疼爱有加，生怕宝宝受一丁点儿的

委屈。

更多的疼爱更多的关心，这也许是作为妈妈所能给予的。但这位妈妈苦恼的是，宝宝最近不怎么爱吃奶了，并且每次吃奶之前总是不停地哭。

之前，宝宝白天每两个小时睡醒一次，之后就要吃奶。但最近这几天让这位妈妈感到不安的是，宝宝在醒来之后，越来越不怎么吃奶，并且啼哭不止。这天，宝宝像前几天一样，不吃奶，啼哭不止，哭声很大，就像受到了惊吓。这位妈妈马上帮宝宝换了尿片，宝宝还是哭得厉害，此时，丈夫去上班了，她抱起了宝宝，又摇又哄。

另一个屋的婆婆赶了过来，看到哭闹的宝宝，她心疼地说："宝宝饿了吧?"

妈妈说："他不吃，一直哭，真拿他没有办法。"

婆婆说："是不是奶嘴的开孔太小了，宝宝吃不到啊?"

妈妈说："我刚看了没有啊，之前吃的挺好啊，现在哭闹着吃一点，然后就只剩下哭了。"

婆婆说："我抱孩子去外边转转吧。"

外面的空气很清新，还有和煦的阳光，宝宝的情绪稍微缓和了些。这位婆婆把手指头伸到宝宝的嘴边，宝宝闭着眼睛开始吮吸手指头。

看着不停吮吸手指头的宝宝，这位婆婆很着急，宝宝明显是饿了。这时，妈妈走了出来，拿着奶瓶喂宝宝，可宝宝一直在躲避吸奶器的奶嘴，怎么都不肯吃。

妈妈在一旁着急地说："宝宝怎么不吃呀，是不是病了，哪里不舒服啊?"

婆婆说:"也许是吸奶器奶嘴有异味,宝宝不喜欢吧,我去把奶嘴洗一洗吧。"

婆婆洗完奶嘴后重新给宝宝喂奶,这时哭得不是那么厉害了,还不停地发出喘气的声音,好像很累的样子。

解　析

宝宝的哭闹牵动着一家人的心,宝宝不吃奶是一个很大的问题。对于宝宝撕心裂肺地哭闹,更是让我们揪心。

宝宝不吃奶并不是主观愿望不想吃奶,而是受到了条件的限制。从宝宝自身来说,可能是宝宝的鼻子不通气,又或者宝宝吃奶的姿势不正确,宝宝感到别扭。从妈妈的角度讲,可能是奶水不足,宝宝吸不到奶水,宝宝吃奶的需要得不到满足,宝宝自然就会哭泣;也可能是奶水太充足,宝宝容易噎着,最后因为没有机会换气而感到不适。如果是鲜奶或是奶粉喂养,应该分析奶粉是否过热或者奶嘴有异味。这些都是宝宝不吃奶啼哭不止所造成的原因。

除了以上的了解,我们还需要注意以下几个方面:

(1)奶头不适:如奶瓶上的奶嘴太硬或是过大,或是奶嘴的开孔太小,使吮吸变得很费力,从而引起宝宝厌吮。

(2)病理上的原因:如宝宝患有消化道疾病、面颊硬肿等,也会出现不同程度的厌吮。

(3)鼻塞、呼吸不畅。如果鼻塞后,就只能用嘴呼吸,吃奶的时候势必会影响呼吸,所以宝宝也会因此而哭闹。

（4）生理缺陷：如唇、腭裂等生理上的缺陷，造成了宝宝吮吸困难，也会出现拒乳的现象。

（5）口腔感染：宝宝口腔黏膜非常的柔软娇嫩，口腔分泌液也较少，如果平时不注意，不适当地擦拭口腔或是奶过热，就经常会使宝宝口腔产生感染。宝宝会因疼痛不适而害怕吮吸。

（6）早产儿：宝宝身体非常虚弱，尚未完全地发育，吮吸技能低下，故时常出现口含奶头而不吸或是稍吸即止的现象。

宝宝会因为不适而拒绝吃奶，并哭闹不止。妈妈应该细心观察，及时找出问题的所在，及时解决问题，宝宝吃奶吃得好，才能健康地成长。

爱婴小贴士

宝宝不吃奶时，可以检查一下宝宝大便的情况，看有没有什么异常。另外，还应该定期到医院给宝宝做一个检查，因为宝宝也会因缺乏钙、铁、锌而厌食。

宝宝不吃奶的原因有如下几种。

原因1：厌奶期

儿科专家表示，宝宝在3～6个月可能会进入厌奶期，如果宝宝出现了厌奶状况，家长需要特别关注宝宝的饮食情况，避免造成生长发育不良。如果厌奶情况严重，可适当让宝宝吃一点儿有助肠胃蠕动、增加食欲的药物。

原因2：胀气

中医内科专家表示，奶制品原本就容易造成胀气，并且在吃奶的过程中，奶瓶过大或是姿势不正确，会使宝宝吸入过多的空气，致使宝宝胀气。

原因3：便秘

一般来说，吃母乳的宝宝很少会发生便秘及食欲不佳的状况，吃奶粉的宝宝很容易发生这种情况，这主要是因为配方奶内含有铁质。建议采用循序渐进的方式进行更换，刚开始的比例可以做1/3的调整，如无不良情况发生，则可逐步调整奶粉的比例。

原因4：心理作用

宝宝进食不规律，想吃的时候没有吃，不想吃的时候又给宝宝吃奶，或是宝宝在吃奶的时候父母经常对宝宝发脾气等，都会对宝宝造成一定的心理影响，让宝宝排斥吃奶。

◆婴语小结：及时解读哭泣，长久哭闹表达易成习惯

妈妈最害怕宝宝无缘无故的哭闹，哭闹是宝宝的一种表达方式，宝宝通过哭闹唤起大人的注意。宝宝为什么洗澡的时候会哭？为什么害怕见到陌生人？为什么会瘪嘴？为什么不吃奶哭个不停呢？这都是宝宝与大人的一种交流，是在表达自己想要说的话。

在宝宝身边，第一时间呵护宝宝的妈妈要善于解读宝宝的哭闹，及时地了解宝宝的哭闹，从而满足其的需求，长时间的哭闹得不到解决就会形成一种不好习惯。我们现在发现很多会说话的小孩动不动就会哭，这其实都是一种小时候长期积累的结果，因此对于宝宝的哭闹我们要善于观察和分析，这样才会让宝宝精神愉悦，快乐地成长。

第二章　抓挠——宝宝为什么使劲儿抓挠

1. 宝宝经常用手抓耳朵

情景模拟

　　在一个阳光明媚的午后，两个妈妈推着孩子在公园散步时相遇，由于对孩子的关心，她们很快聊起了关于孩子的话题。

　　"哎，你家孩子怎么那么喜欢抓耳朵呢？"

　　"呵呵，可能是太调皮了吧，以前不抓，这几天才开始的，是不是这个年龄段的孩子都这样呢？朋友们都说，他这样子还挺可爱的，对了，你们家孩子不抓吧？"

　　"我的孩子和你的孩子差不多一样大，可我没发现他有这样的动作啊！我觉得还是注意些好，万一是孩子不舒服咋办，他也说不出来不是？"

　　"不会吧？我一直以为是宝宝觉得抓耳朵是好玩呢？也没想过是哪里不舒服呀，难道是耳朵里痒？"

　　于是，一边说着，这位妈妈就把宝宝抱在怀中，往宝宝的耳朵里看了又看，然后拿出棉签，轻轻地掏了掏，没有发现异常。

　　"应该没事儿，这里面啥也没有啊，平时有些耳垢，我都及时给他处理干净了。这不哭不闹的，就是爱玩耳朵。"

这是这位妈妈最终下的结论。

过了几天之后，宝宝却开始频繁哭闹、不吃奶，这位妈妈认为宝宝在厌食，于是想尽了各种办法让宝宝吃奶；直到宝宝开始有些发热，这位妈妈感觉到可能是孩子发烧了，赶快把宝宝送到了医院。

在医院里，经过检查，医生告诉这位妈妈："孩子发烧倒不是很严重，主要是孩子现在患上了中耳炎，而且已经有了很长的一段时间，其实在生活中，你早就应该发现的，比如……"

解 析

很显然，情景中的妈妈并没有读懂宝宝的"语言"：

（1）当宝宝抓耳朵时，她认为是"宝宝觉得好玩"；

（2）当宝宝哭闹、不吃奶时，她没有和抓耳朵联想起来，认为是宝宝厌食；

（3）当宝宝发热时，她也没有和抓耳朵这个小动作联系起来，她认为是发烧引起的宝宝不适。

在宝宝痒的时候，她忽视了，在宝宝疼的时候，她误解了，在宝宝中耳炎又上升一个级别，开始发热时，她及时送往医院是对了，若是单纯地理解为是发烧就错了。这位妈妈真的算是后知后觉了，如果在宝宝痒的时候，她能够及时发现，及时采取治疗措施，那么，孩子也不用受之后的一系列罪，因为当宝宝哭闹的时候，问题就不再是痒那么简单，而是疼痛难忍了。

那么，这中耳炎到底是怎么一回事？引发原因是什么？为什么

会与宝宝抓耳朵有关呢？下面我们不妨来了解一下它的病理。

（1）中耳炎的诱发原因

①吃奶姿势不当，奶汁容易通过咽鼓管流进宝宝中耳，造成感染，患发中耳炎。

②洗澡时，脏水不慎流入耳道内，便会引起痛痒，也能引发中耳炎。

③当眼泪不慎流进宝宝耳朵时，也可能造成耳朵感染，患发中耳炎。

（2）中耳炎症状

①因为痒，宝宝会用手去抓耳朵，没有啼哭，是说明情况还不是很严重。

②中耳炎患发越来越明显的症状就是耳朵疼痛，于是宝宝啼哭不止，并伴有拒吃奶或用手使劲儿抓耳朵，然后伴有发热等症状。

③再为严重的情况就是，当伴有鼓膜穿孔时，从宝宝的耳朵还可以看见有黏液脓性分泌物流出耳外，有臭味，而且宝宝的听力也会有所减退。

当然，一些急性中耳炎，相对来说会更突然些，没有征兆或者说来不及捕捉征兆。因此，妈妈一定要尽可能早地发现，然后及时带宝宝治疗，因为如果急性期治疗不彻底，或细菌耐药，此病可反复发作变成慢性中耳炎，对宝宝将会是一个长期的折磨过程。

为了宝宝的健康成长，妈妈一定要做好防治工作，千万不要将宝宝急于传递给你的病灶信息给误解或忽视了。

爱婴小贴士

（1）治不如防，熟知"婴语"，有病前注意。

（2）在给宝宝洗头或是洗澡时需多加注意，千万不要让脏水流到宝宝的耳朵里。可以用一小棉球将宝宝的耳朵塞住，这样可以防止水流进耳朵，需要注意的是，棉球不要塞的过深或者过多，洗完头或者洗完澡时，立即将棉球拿出，否则可能会影响婴儿的听力。

（3）平时做好检查工作，经常看看宝宝的耳道有没有堵塞或是液体流出，有无异味，及时发现，及时就医。

（4）预防中耳炎。科学喂奶这是最重要的一点，宝宝患中耳炎的诱发原因中，因为喂奶姿势不当，或是宝宝吐奶等原因而引发的概率较高，因此，预防中耳炎，也需从科学喂奶这一看似简单的事情做起。妈妈在喂奶时需注意以下几点：

①喂奶时尽可能将宝宝抱起来喂，防止溢奶后奶汁进入耳咽管。

②特别在夜间喂奶时，应当更加注意喂奶时宝宝头部的位置，避免因宝宝头部过低而导致口含的剩余奶汁在熟睡后流入咽鼓管内。另外，有的妈妈可能因为白天过于劳累，所以夜间喜欢斜躺在床上给宝宝喂奶，有时宝宝还是吃着奶，妈妈却已经睡着了，这个时候奶汁可能会顺着宝宝的脸流入外耳道中，引发炎症。

③用奶瓶喂奶时要采取正确的喂奶姿势，尤其是 3 个月以内的婴儿，最好不要让宝宝平躺仰卧，应当把婴儿抱起来放在膝上，然后将其头部斜枕在喂奶者的左臂上，再用右手拿着奶瓶喂奶。

④喂奶的速度也要注意，不宜太快，更不宜太猛，如果宝宝哭闹，应及时暂停喂奶，以免宝宝因咳呛而将奶喷入咽鼓管，引发炎症。

2. 宝宝挠眉毛

晚饭后，妈妈抱着宝宝，看到宝宝用手抓眉毛。

妈妈："咱们的宝宝为什么喜欢抓眉毛呢？"

爸爸："小孩嘛，总喜欢乱动，你总不能不让他动吧？"

妈妈听了之后觉得也有道理，就说："可能小孩都这样吧，看咱们的宝宝这么健康，怎么可能有问题呢？"

过了几天之后，妈妈发现宝宝还是总抓眉毛。正好邻居来家里。

妈妈："你说这小孩是不是都喜欢乱抓乱挠呀。"

邻居："你可要注意了，宝宝这么小，不会说话，他们的一举一动都要特别注意。"

妈妈："可我看也没有什么异常的呀？"

邻居："只有感觉痒了才会抓呀，是不是眉毛那里不舒服才抓的呀？"

妈妈："应该不会吧，是不是我们多虑了？"

邻居："反正要多留意才是。"

又过了几天，妈妈发现宝宝的眉毛间脱皮了，但还是不知道为什么？正好姑姑从老家来看宝宝。

姑姑："宝宝的眉毛间有脱皮了。"

妈妈："是呀，也不知道为什么？"

姑姑："会不会是得了湿疹，以前我们家宝宝也是总抓眉毛，我没注意，后来眉毛间出现潮红的一片，到医院，医生才说宝宝得了湿疹。"

妈妈："不会吧，这好好的怎么会得湿疹呢?"

姑姑："谁知道呢，还是先到医院看看吧。"

妈妈也不知道什么是湿疹，随即带宝宝来到了医院进行检查，通过医生的检查，医生说："宝宝是得了干燥型湿疹。"

医生开了一些涂抹的药膏，然后叮嘱妈妈："不要让婴儿再继续抓眉毛了。"

解 析

情景中的妈妈显然是没有太多的经验，虽然注意到了宝宝会时常抓眉毛，但是却不知道宝宝是为了什么。爸爸妈妈都用"小孩子大概都是这样"而简单带过，却不知道这是宝宝"不舒服"的信号。

起初，宝宝抓眉毛的时候，眉毛部分的皮肤还没有太明显的变化，妈妈没有太在意；后来，宝宝的眉毛间的皮肤已经开始脱皮了，此时，妈妈开始察觉有问题，但是却不知道问题在哪里，所以也只能束手无策，任其发展；直到姑姑提醒有可能是湿疹，妈妈才开始着急。

幸好，有了姑姑的提醒，使宝宝的湿疹没有发展的太严重，所以治疗起来也比较省力，如果发展的比较严重，治疗起来就会比较麻烦，所以，妈妈应该了解宝宝的"肢体语言"。遇到这种情况，要及时的咨询或者上医院检查。

（1）诱发湿疹的外因

①一些食物过敏引起的，比如对牛羊奶、牛羊肉食物；或者一些海鲜食品过敏，比如鱼、虾等。

②如果是过量喂养婴儿食物，导致婴儿消化不良也会引起湿疹。

③如果婴儿吃糖过多，就会造成肠内异常发酵，也会引起湿疹。

④因为婴儿的抵抗力较弱，受到肥皂、化妆品、皮毛纤维、花粉、油漆等的刺激，也容易诱发湿疹。

⑤婴儿长时间受到强光照射，也是诱发湿疹的原因之一。

（2）婴儿得湿疹的内因

①婴儿本身是先天性过敏体质。

②来自父母的遗传，据统计约有 3/4 的湿疹婴儿，其父母双方或者单方有过敏性疾病病史。

宝宝湿疹俗称奶癣，多发生于宝宝出生后的第 2 或第 3 个月，出现在眉间的湿疹多发生在瘦弱的宝宝身上，除了眉间之外，还常见于头皮部位。其表现为脱屑、潮红、丘疹，因无明显渗出，经常被大人忽视。

爱婴小贴士

治疗措施：

（1）如果宝宝湿疹处有损伤，就不要用水冲洗，尤其不要用热水洗。肥皂带有刺激性，所以也不要用肥皂水冲洗婴儿的湿疹，正确的做法是用植物油擦洗湿疹处的皮肤。

（2）因为湿疹会引起瘙痒，宝宝在睡觉的时候容易挠痒，这样很容易抓伤皮肤，导致湿疹更严重。所以在宝宝睡觉的时候应将宝宝的两手加以适当的约束。

（3）宝宝穿的衣服应该保持清洁，最好以棉织品为主。宝宝的衣服应尽量在阳光下晒晾，保持干净整洁。

（4）为了避免药物出现副作用，家长应按照医生的叮嘱用药。

预防湿疹：

①饮食要定时定量，如果可能，最好让婴儿吃母乳。

②如果要给婴儿喂牛奶，要注意加糖的量，少加糖多喝水；另外把牛奶煮沸之后，尽量再煮一会，让牛奶煮沸的时间长一些。

③随着宝宝年龄增长，如果要给宝宝吃维生素食物，也要注意不要喂得太多。

④为了防止婴儿过敏，尽量避免给婴儿吃海鲜类或者蛋类食物。

⑤保持婴儿的卧室整洁干净，也要注意婴儿经常待的室内温度，温度不易过高。

⑥时刻注意气温变化，给婴儿穿合适的衣服，衣服也不可过暖，这样容易引起汗液的刺激。

3. 宝宝喜欢揉眼睛

情景模拟

李女士为了给宝宝补充营养，把螃蟹肉挖出来与面条一起炖了给宝宝吃。到了晚上，李女士发现宝宝身上出现了红点点，李女士觉得是不是出现了什么过敏？马上叫来出差刚回来的丈夫商讨。

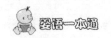

李女士："宝宝身上怎么会突然出现红点点，是不是有什么问题啊？"

丈夫："看上去像过敏了，你给宝宝吃什么东西了吗？"

李女士便把自己特意给宝宝做的营养餐告诉了丈夫。

丈夫："那肯定是对海鲜过敏了。"

李女士："那该怎么办呢？要不去看看医生吧。"

丈夫："既然是因为吃螃蟹引起过敏，不要再给宝宝吃螃蟹了，等明天看看再说吧。"

等到第2天的时候，李女士发现宝宝身上的红点已经退去。可是李女士又发现宝宝总是揉眼睛。

李女士："宝宝明明刚睡醒，为什么还揉眼睛呢？"

丈夫："昨晚是不是睡的时间太少了？"

李女士："平时也是睡这么长时间，也没有见他总揉眼睛呀。"

丈夫："不会是因为眼睛痒吧？"

李女士："无缘无故的，眼睛为什么会痒呢？"

丈夫："那就再等等看，看过一会儿还揉不揉了。"

李女士："那好吧。"

就这样，李女士和丈夫又把宝宝的不适放了一天，可到了第2天，宝宝还是不停的揉眼睛，而且眼睛都揉出了血丝。

李女士这时候感觉到了事情的严重性，丈夫也开始担心了起来，马上带宝宝到医院检查，经过检查，医生说："宝宝得了过敏性结膜炎。"

李女士非常吃惊，怎么会呢，无缘无故的怎么会得这病呢？这病还是自己第一次听说，焦急的问医生："这是什么原因造成的呢？"

医生："宝宝的体质较为虚弱，对一些海鲜类的食物容易引起过敏，最后导致了这种疾病的发生，不过不是很严重，很容易治好的。"

李女士："本想着给宝宝多补充点营养，没想到会弄成这样，幸好不是很严重，这次真的长经验了。"

医生给李女士几瓶眼药水。回家之后，李女士按照医生的叮嘱按时的给婴儿滴眼药，很快，宝宝的眼睛就恢复正常了。

解 析

李女士只是从平时的知识判断宝宝身上出现红点是因为食物过敏引起的，却不想食物过敏也会引起过敏性的结膜炎，所以宝宝才会不停地揉眼睛。生活中，我们很多家长都可能会这样认为，以为是宝宝想睡觉了，不知道是因为宝宝眼睛不舒服造成的，所以也没有特别的关注，直到宝宝把眼睛揉出了红血丝才开始着急。

宝宝在想睡觉的时候，会用自己的手揉眼睛，很多妈妈都能读懂宝宝的这个信息。可是并不是在任何时候宝宝揉眼睛就是想睡觉了。所以当宝宝不停地揉眼睛时，我们还要从其他方面细心的观察。

（1）宝宝揉眼睛有以下几种原因

①新生儿产道感染。这是因为在宝宝出生的时候，受到了来自母体产道的感染，所以一些新生婴儿眼部会有少许的眼屎。

解决办法：

先将宝宝的眼部清洗干净，然后用一片干净的棉纱在冷开水中浸湿，再将多余的水分拧干，由内侧到外侧清洁婴儿的眼皮。

②输泪管阻塞。当宝宝眼睛总流泪的时候，宝宝会感到眼睛不舒服而去揉眼睛，这就是因为输泪管阻塞造成的。

解决办法：家长可用拇指按住眼睑内侧的泪囊，由内向外地按摩。为了减少细菌感染，可往眼睛里面滴一些抗生素的眼药水。

③结膜炎。因为炎症会让宝宝的眼睛很痒，所以就会不停地揉眼睛；结膜炎的症状是眼白部分呈粉红色，或者是眼皮睫毛部分被分泌物粘在一块。

解决办法：因为结膜炎会传染，所以家长要去医院看医生，根据医生的指示来治疗，同时，为了避免其他婴儿被传染，患结膜炎的婴儿要与其他婴儿隔离开。

④春季过敏。一些宝宝会在春季的时候因为过敏而患上炎症，其症状是结膜轻度充血。

解决办法：家长要及时的带宝宝看医生，最重要的是要使宝宝远离周围环境中可能导致过敏的物品，比如海鲜食品，动物毛发等。

⑤倒睫毛。有时宝宝揉眼睛是因为婴儿的睫毛向内倒卷引起的，有时睫毛上还会有泪液，倒睫毛引起宝宝眼睛不适在多数情况下并不会对眼睛造成损伤。

解决办法：大部分的倒睫毛是可以自己恢复的；如果引起了角膜上皮呈点状脱落，家长就需看医生了；家长们千万不要自作主张的把宝宝的睫毛拔除或者剪掉。

⑥皮肤湿疹。当宝宝眼部周围的皮肤患湿疹时，因为瘙痒，宝宝也会去揉眼睛。

解决办法：宝宝出现湿疹可能是因为过敏引起的，所以要让宝宝远离致敏源；可用温清水给宝宝洗脸；同时勤给宝宝剪指甲。

⑦异物进入眼睛。当有异物进入眼睛时，因为不舒服所以宝宝会下意识的去揉眼睛。

解决办法：可对着宝宝的眼睛轻轻地吹，让眼泪把异物冲出；或者找到异物后，用干净的手绢将异物轻轻的粘出。

（2）如果不得不为宝宝滴眼药水，家长们可以借鉴以下几种方法

①如果宝宝太小，不能配合家长滴眼药，为了转移宝宝的注意力，可给宝宝一些玩具，然后趁宝宝不注意的时候，迅速的为宝宝滴眼药。

②大一些的宝宝，知道配合大人滴眼药，这时家长在滴眼药的时候，要让宝宝的眼睛往上看，用手拉开眼睑，尽量将药水滴在眼白部分。

宝宝因为眼睛不舒服而揉眼睛与平时想睡觉时候揉眼睛是有所不同的，眼睛不舒服时，宝宝就会不停地揉，特别严重的时候会一刻也不停歇地揉，这个时候，家长就要注意了。

爱婴小贴士

为了预防宝宝患上眼睛疾病，家长们在平时要注意宝宝的眼部护理：

（1）为宝宝准备专用的脸盆和毛巾。

（2）家长在给宝宝洗脸前，首先要把自己的手清洗干净。

（3）如果带宝宝去室外活动，回来之后，要及时为宝宝清洗

双手。

（4）当发现宝宝的眼睛中有分泌物时，要用毛巾蘸少许的温开水轻轻的为宝宝擦拭，将分泌物去除。

4. 宝宝抓挠自己的脸

情景模拟

落叶满地的秋天，风景格外的独特，这天，李莹看外面阳光炫丽，于是就推着自己的宝宝到公园里散散步。

在公园里，遇到了几个同样推着婴儿出来散步的妈妈，并听到她们在议论关于小孩子的话题。

"宝宝这么小，又不会说话，一定要注意宝宝的肢体动作，这就是他们的语言呀。"

"是呀，我们家宝宝前一段时间总是爱揉眼睛，刚开始没注意，后来才发现是得了结膜炎，所以以后就格外注意他的一举一动。"

"是吗？那还真要注意了。"

"还有什么特别要注意的事情吗？"

"现在是秋季，天气比较干燥，这个时候一定要注意宝宝皮肤的护养。"

"是呀，我现在每天都为宝宝擦拭润肤霜。"

李莹听了那几位妈妈的谈论之后，开始想："她们谈论的很多事情我都不知道，看来自己有很多东西要学习呀，做一个妈妈并不是自己想的那么简单的"。在公园里转了几圈之后，李莹推着宝宝回去了。

那天晚上，李莹发现宝宝睡着了之后总是不停地抓自己的脸，李莹突然想到白天的时候听到几位妈妈的经验"一定要注意宝宝的肢体动作"。但是，李莹不知道为何宝宝要抓自己的脸，李莹想："今天并没有吃什么特别的食物，到底是怎么回事呢？对了，明天要去请教一下那几位有经验的妈妈。"

第二天，李莹又推着宝宝到公园中晒太阳，李莹见到那几位妈妈时，谦虚的向她们请教道："我家宝宝睡着的时候爱抓自己的脸是怎么回事呀？"

其中一位妈妈说："是不是因为出来晒太阳晒的，秋季紫外线的强度比较大，小孩子的皮肤又比较脆弱，如果没有做好护肤工作的话，会使宝宝的皮肤比较干燥。"

另一位妈妈说："是呀，皮肤干燥就会使宝宝的脸部干痒，所以宝宝就会抓自己的脸。"

还有一位妈妈说："看你家宝宝的情况算是比较轻的，如果严重一点的，宝宝甚至会把自己的脸抓破。"

李莹听了之后说："那可能是昨天太阳光太强烈了，我说怎么会突然不停地抓自己的脸呢？看来以后我要给宝宝做好护肤工作了，我真是太粗心大意了。"

解　析

宝宝的确需要晒晒太阳，但是不要像情景中的那位妈妈最开始做的那样，不对宝宝的脸部做任何的防护。

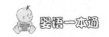

　　宝宝在白天晒了太阳之后，晚上就开始抓自己的脸，幸运的是，李莹留意到了宝宝的动作，虽然并不知道原因，但是知道有问题是解决问题的前提，所以李莹才能做到对症下药，并及时的为宝宝的脸部补充水分。

　　如果李莹不知道宝宝的"语言"，任其抓挠的话，宝宝就会破坏脸部的皮肤组织，不利于宝宝皮肤的养护。

　　（1）宝宝爱抓自己的脸主要有以下几个原因

　　①皮肤干燥。

　　②皮肤紧绷。

　　③皮肤粗糙。

　　④皮肤脱屑。

　　（2）当宝宝的脸部出现了以上几种状况时，就会引起宝宝脸部瘙痒，此时，宝宝就会不停地抓自己的脸。而以上几种情况多发生在秋季，原因如下：

　　①冷空气，因为秋季的温度突然降低，空气也变得干燥，宝宝脸上的皮肤会因缺水而变得干燥，所以，家长要及时给宝宝添置衣物以保持身体的温度。

　　②护肤品。一些在夏季适用的护肤品，到了秋冬季节就不适合了，家长们要为宝宝准备一些有营养物质的滋润霜，以减少水分的流失。

　　③紫外线。秋季的紫外线会变得强烈一些，紫外线的直接照射会导致皮肤缺水。如果要带宝宝出门，要做好防晒工作。

　　因为宝宝的皮肤还比较脆弱，在秋冬季节，天气较干燥，所以脸部的水分蒸发的速度也会更快，所以在秋冬季节要特别注意宝宝脸部皮肤的保护。

宝宝爱抓脸还有可能是因为得了湿疹，湿疹也会引起脸部的瘙痒，所以宝宝就会不停地抓自己的脸。如果确认宝宝是得了湿疹，要及时的到医院治疗。

爱婴小贴士

很多妈妈对于婴儿的脸部护养并不在意，认为婴儿的皮肤已经很好，不用过多的护养，宝宝的皮肤虽然并不需要化妆品，但并不代表不需要任何的保护。

（1）为了在秋冬季节保护好宝宝的皮肤，我们要懂得一些护理方法：

①为宝宝涂含有天然滋润成分的护肤品，比如一些乳液、润肤霜、润肤油等护肤品，乳液和润肤霜的保湿性比较好，润肤油的防干裂性比较好。

②为宝宝准备专门的软毛巾，因为宝宝的皮肤较嫩，如果是较粗糙的毛巾容易伤损到宝宝的皮肤。

③选择适合婴儿的护肤品，在选用护肤品时，要选择宝宝专用的护肤品，因为宝宝专用的护肤品中不含香料、酒精等刺激性的物质，比较适合婴儿的皮肤。不要给宝宝使用成人的化妆品；另外，宝宝的护肤品不宜经常更换牌子，因为宝宝在适应了一种护肤品之后，如果再换其他的品牌，宝宝的皮肤需要调整和适应，这样对宝宝脸部皮肤成长是有阻碍的。

（2）为了更好的保护宝宝的皮肤，我们需要注意以下几点：

①在干燥的秋冬季节，尽量避免让宝宝遭受到风吹，因为吹风

会加速皮肤干燥。

②宝宝的衣物尽量选择全棉织品的材料。

③如果宝宝要在秋冬季节外出时，要注意宝宝的保暖情况。

④每天要用清水为宝宝洗脸，一般为宝宝洗脸是早晚各一次，以免破坏脸部皮肤的保护组织。

⑤避免让宝宝的皮肤接触到酸碱物质的洗涤剂，比如香皂或者洗手液等。

⑥保持室内的湿气，比如在室内开启空气加湿器，或者在屋内多放置些绿色植物。

⑦为了防止宝宝用手抓破脸部，要勤给宝宝剪指甲。

5. 宝宝爱抓人

情景模拟

宝宝一岁生日的时候，很多亲戚都来为宝宝庆祝，宝宝的小姨看到宝宝非常开心，于是就过来抱起宝宝，刚抱着没多久，宝宝就开始抓小姨的项链。

小姨对宝宝的妈妈说："宝宝都快把我的项链扯掉了，是不是我的项链太好看了，连宝宝都喜欢呀，哈哈！"

妈妈："你赶紧把他的手挪过来，说不定真把你的项链扯掉了。"

小姨好不容易把宝宝抓项链的手挪开，宝宝又开始抓小姨的眼镜，这下直接把小姨的眼镜给摘下来了，小姨一下子着急了，赶紧对宝宝的妈妈说："我什么都看不清楚了，赶紧把我的眼镜给我拿过来。"

宝宝的妈妈把眼镜从宝宝的手中拿过来，小姨刚把眼镜戴好，宝宝又开始抓小姨的耳朵，小姨叫了起来："我不要抱你们家宝宝了，今天这个小寿星很不给面子呀，把我的耳朵揪的真疼，他还张着嘴笑。"

这下妈妈生气了，朝宝宝的背上轻轻的打一巴掌，宝宝这才把抓耳朵的手松开。小姨对宝宝的妈妈说："你打他干嘛呢？再怎么说今天是宝宝的生日呀。"

妈妈："这孩子真是越来越不知道轻重了。"

小姨："小孩子不都是这样，干嘛这么认真呢，好好哄哄就好了，小孩子就是哄出来的。"

妈妈："我抱着他的时候，他也老抓我脸，我告诉他不要抓，谁知他抓得更起劲，真没办法。"

小姨："你肯定没用对方法，其实小孩子是非常听话的。"

解　析

对宝宝来说，小姨的项链和眼镜都是新奇的事物，他不知道那是什么东西，他觉得那肯定非常好玩，于是就想拿到手中玩一玩。这给大人带来了麻烦，所以大人会呵斥宝宝的行为。

宝宝抓小姨耳朵也是同样的原因，他并不知道他抓小姨的耳朵会让小姨感觉到痛，因为他自己不痛，所以他只是觉得很好玩。

宝宝用自己的方式来认识世界，而大人将这看成是宝宝淘气不听话的表现，这是一种"误解"，就像小姨说的那样：孩子是哄出来

的。不管用何种方法哄都比打宝宝这个方法好。

宝宝除了是对外界的事物感到新奇而抓人外，还有什么其他的原因呢？该采取何种方法制止宝宝的这种行为呢？宝宝为何爱抓人。

①宝宝的"抓"是一种探索行为，比如看到他人身上的饰品，他很想知道那是什么东西，于是就有了摸一摸的冲动，也有想拿到手里一探究竟的冲动，于是在别人眼里就成了抓人的表现。

②发泄自己的不满，当别人没有满足宝宝的需求时，宝宝就会用自己的方式发泄不满，因为宝宝觉得这种动作能引起他人的注意。宝宝"抓"时并不是攻击行为，攻击行为是想要伤害对方而故意做的某种行为，但是婴儿抓人时并不知道会伤害对方，所以并不是故意的攻击行为。

爱婴小贴士

宝宝抓人虽然不会形成严重的后果，但是却不是一种好的行为习惯，也会给别人造成麻烦，如何制止宝宝的抓人动作呢？

（1）因为宝宝并不知道自己抓人会伤害到别人，所以要让宝宝知道自己的行为会产生的后果，虽然宝宝太小并不能明白大人的调教，但是多次的"调教"会渐渐的让宝宝在懵懂中体验自己行为的后果。

（2）当宝宝抓别人或者家长时，家长可以夸张的捂住被抓处，向宝宝传达一种信息：我被你抓的很痛，你这种行为给我带来了痛苦，你这个动作是不好的等。也就是通过否定的反馈让孩子明白抓人是不对的。

（3）当宝宝抓人时，有些家长会责备宝宝，这样做既不能解决问题，也会让宝宝的自尊心受到伤害，所以家长不要习惯性的责备宝宝。

当宝宝在婴幼儿成长期时，对外界的事物反应会越来越强烈，但是还没有辨别是非的能力，很多动作可能是出于本能或者好玩，想知道自己的一些动作会带来什么样的后果等，此时大人不要打骂孩子；如果孩子的某些动作是不好的，也不要因为溺爱孩子而任由孩子随意发展，最好的方法就是慢慢的诱导，通过诱导来纠正，要相信宝宝可以改正；当宝宝做得很好时，家长要给予宝宝及时的鼓励。

6. 宝宝抓住妈妈头发不放

情景模拟

妈妈抱着宝宝去公园里玩，旁边的奶奶看到宝宝非常喜欢，就过来逗宝宝。

奶奶："宝宝多大了？"

妈妈："8个月了。"

奶奶："瞧，宝宝还冲我笑呢，真可爱。"

奶奶刚夸完宝宝，宝宝就开始转过来抓妈妈的头发，还两只手一起抓，抓的妈妈直皱眉。

妈妈："快松手！再不松手我就打你了！"

谁知宝宝抓得越来越起劲了，妈妈强行把宝宝的手从头发上挪

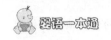

开，嘴上还不停得训斥宝宝："你不知道抓得妈妈很痛吗，再这样我就真的打你了！"

奶奶："咳，这么小的孩子，看什么都新奇，你看他，把你抓的这么痛，自己反倒笑得很开心，呵呵。"

妈妈："您不知道，这孩子就是好动，这已经不是第一次抓我头发了，每次都严厉制止他，可是他一点也没有改，反而越来越厉害了。"

奶奶："这么小的孩子，怎么能跟他一般见识呢。"

妈妈："我就怕别人抱着他的时候，他也去抓别人的头发，这多不好呀。"

奶奶："只要宝宝玩得开心就好了，不用太在意。"

妈妈："别看他小，抓起来手劲可大着呢，每次都抓得我很疼，他自己玩得倒是很开心，真不知道如何是好！"

解 析

宝宝抓妈妈的头发，如果打宝宝，宝宝下次就不会抓了吗？或者打宝宝就是制止他的最好办法吗？但如果总是抓头发，首先被抓人会感到痛；其次如果宝宝抓头发抓成了习惯，也会去抓其他人的头发，会养成一种不好的习惯，我们当然不希望自己的宝宝形成这样的坏习惯。

情景中的宝宝抓妈妈的头发时，妈妈因为疼痛难忍就训斥宝宝，从宝宝的反应来看，妈妈的训斥没有起到一点的作用，反而让宝宝越抓越起劲。显然这种制止的方法是无效的。

奶奶明显是太爱宝宝的心态，也就是只要宝宝高兴，就任由宝宝抓头发，不训斥也不制止，这的确会让宝宝开心，但这样放任自由的做法显然也是不对的，不仅让妈妈受痛，对宝宝自身的成长也不好。

到底宝宝为什么要抓妈妈的头发呢？是妈妈的头发好玩吗？还是宝宝想通过抓妈妈的头发来表达什么？妈妈只有弄明白了宝宝的心思，才能解决这一头疼的问题。宝宝为何抓妈妈的头发。

①同宝宝爱抓人一样，这是宝宝认识外界事物的一种方式，对宝宝来说，外界的一切都是新奇的，当他发现新奇的事物时，就会有想触摸的冲动，所以抓妈妈的头发也是宝宝认识事物的一种表现。

②用抓头发的方式来发展他们的触觉神经和手指的小肌肉及臂力，小孩子正在快速成长的阶段，所以他们会用抓握的方式来尝试使用他们的手指和手臂的力量，而抓头发是其中的一种表现。

③宝宝用抓头发的方式来表现他们的意愿，当宝宝成长到一定的阶段，也已经具备了初步的反应能力，比如当宝宝不满的时候就会用抓和扯的方式来表达。

④宝宝是在自娱自乐，当宝宝抓妈妈头发的时候，他会发现妈妈的脑袋会跟着一起摇晃，这会让他感觉到有成就感，而这种成就感让他感到快乐。

爱婴小贴士

抓妈妈的头发会让妈妈感觉不舒服，而且当宝宝习惯抓妈妈头发的时候也会去抓别人的头发，这毕竟是一种不好的习惯，为了不

让宝宝形成这样的习惯，妈妈就要有意识的制止宝宝的这种小动作。

（1）当妈妈抱宝宝之前，如果妈妈是长头发就尽量把头发扎起来，这会减少宝宝对妈妈头发的注意力，飘动的长头发容易引起宝宝的注意。

（2）当宝宝抓妈妈的头发时，此时妈妈要尽量保持平静的反应，让宝宝觉得这并不会引起妈妈的特别关注，相反，如果妈妈反应过度，比如呵斥宝宝或者拍打宝宝，宝宝会觉得这是一件非常好玩的事情，妈妈的过度反应也会让宝宝觉得这个动作能引起妈妈的注意，他就会记住这个好玩的动作。

（3）当宝宝抓妈妈的头发两三次以后，妈妈可以限制宝宝的动作，可以把宝宝抓头发的手轻轻的从头发上挪开，然后用眼睛看着宝宝的眼睛，并且向宝宝坚定的摇几下头，让宝宝渐渐的明白这是一种不好的行为。注意不要为此打宝宝。

（4）当宝宝抓妈妈的头发时，可以用其他的玩具来吸引宝宝的注意力，让宝宝从抓头发转移到另外的事情上。

（5）宝宝长到一定的阶段，就会想要抓握东西，这是宝宝成长过程中的本能表现，家长可有意识的给宝宝提供一些可供抓握的玩具来满足宝宝的这种需求，比如说带柄的拨浪鼓等，这都可以帮助宝宝形成各种抓握的技巧。

◆ **婴语小结：做好防范，勿让宝宝伤人伤己**

宝宝在婴幼儿时期不会说话，高兴了笑，不高兴了哭，他们的动作就是他们的语言。在大人眼里，宝宝平时只会动来动去，不是抓自己就抓别人，或者不是揉眼睛就是揉眉毛，这样看来，宝宝好像是很活泼，作为家长，对宝宝的"动来动去"一定要多加注意，因为他们所有的表达都在里边。一个看似平常的动作，可能就是疾病的"提示"，家长们最容易犯的错误就是误读宝宝的"语言"。以为宝宝的动作只是天生的惯性动作，以为所有的宝宝都会这样做。当然宝宝有的动作确实没有什么真正的含义，但也不得不注意一些异常或者频繁的动作的意义。如果是有经验或者是细心的妈妈，能读懂宝宝的意思，就会提前防范或者提前引导，让宝宝更加健康的成长。希望妈妈都能与宝宝"心有灵犀"。

第三章　异动——宝宝奇异举动啥意思

1. 吃手指

情景模拟

张岩是一个非常有爱心、温柔的女孩，她非常喜欢小孩子。结婚两年后终于有了自己的宝宝，目前宝宝已经快一岁了，张岩每天把宝宝照顾得非常好。

在孩子 3 个月左右时，张岩发现宝宝经常喜欢吸吮手指头，她当时没有太在意，以为是孩子成长过程的必然阶段。但是目前宝宝已经半岁多了，还经常啃手指头。经过一段时间的观察，张岩发现宝宝的手指上已经被咬了一个茧子，于是她不得不开始重视起这个问题了。

她先是上网收集了一下关于育婴的一些知识，觉得网上分析的太多了，自己也拿不准主意，找不到根本的原因。

一天，妈妈从老家来看她，张岩向妈妈请教了这个问题。

"您说，宝宝为什么平时喜欢咬手指头呢?"张岩很疑惑地问自己的妈妈。

"宝宝在出生 3 个月左右咬东西很正常，因为那个时候他口腔里正孕育着乳牙的生长，所以他需要咬东西来止痒，你小时候也是这个样子的。"妈妈回答道。

"那他现在怎么还是这个样子啊，怎么还直啃自己的手指头呢?"

"现在啃手指头，是因为他饿。并且他手的意识也开始生长了，所以他需要用手去感知。"妈妈很有经验的说道。

"那么有什么办法呢?你看他把自己的小手指头都咬红了，再这样下去，都该咬破了。"张岩很心疼又很无奈地说道。

"有的孩子咬手指还不仅仅是我说的这几个原因，也许还有其他原因。毕竟现在的宝宝和过去的宝宝生活习惯上都不一样了，吃的、用得都比过去要复杂的多。我看我们还是带孩子去医院看看吧，听听医生的建议。毕竟医生接触的宝宝要多得多，经验也会多一点。"张岩的妈妈看着自己的小外孙担心地说着。

张岩觉得妈妈说得对，于是两人一起带着宝宝去医院向医生求救……

解　析

婴儿吃手指的不同状况应该区别对待，不能不根据婴儿的具体情况盲目的下结论，那样往往会适得其反。

第一种情况，婴儿吃手指是很正常的现象。因为婴儿在长乳牙的时候，牙根处会发痒，所以需要通过吃手指来发泄、来止痒。另外是因为这个时候婴儿的手指开始生长发育，手指的灵活度逐渐增长，所以他就用自己的手指去感知、摸索和了解这个世界。

第二种情况，当婴儿吃手指的现象比较严重的时候，我们就要

注意了，这不再是一种正常的现象，也许在它的背后隐藏着一些问题。当然这需要妈妈去认真地观察和了解自己的宝宝。宝宝一旦过度地吸吮自己的手指，就有可能导致以下几种不好的后果：

①正所谓"病从口入"，宝宝吃手指容易将一些病菌带进自己的口中，容易引发一些感染病，像蛔虫病、蛲虫病等。

②吃手指时间一长，有可能使手指出现红肿的状况，更为严重的还会使指甲被口水泡软，化脓感染，甚至造成手指变形。

③长时间的重复这个动作，也有可能影响宝宝的智力发育，甚至还会造成下颌的发育不良，出现牙齿不整齐的症状。

作为妈妈，我们一定要分清楚宝宝吃手指的主要原因，然后再进行分析，对症下药。这里列出了三种情况下宝宝吃手指的原因：

A. 喂奶方式不当。有的妈妈在喂奶时，不是赶时间就是速度太快，没有达到宝宝所期望的喂奶标准，那么就容易出现吃奶心理和欲望的落差。所以就用啃手指来弥补自己的心理落差。

B. 婴儿由于母亲的疏忽，感到孤独和无聊。所以只能通过吸吮手指来排遣内心的孤独。

C. 因为婴儿的吸吮欲较强，根本没有吃饱，所以只能咬手指来发泄。

为了宝宝的健康成长，做妈妈的一定要多注意观察宝宝的手指行为，分清楚宝宝吃手指的主要原因然后再加以分析，做出合理的调整。

❤ 爱婴小贴士

针对宝宝吃手指的现象，妈妈可以采取适当的以下措施和方法对宝宝进行引导，营造一个良好的成长环境。

（1）当给婴儿喂奶时，妈妈应该有耐心，让婴儿感受到自己不仅是在吃奶，还是在感受母亲的关爱和温暖。

（2）如果不是母乳，吃奶粉的婴儿，母亲在准备奶嘴时，应该选择那些大小适中，完全适合婴儿吸吮的奶嘴。

（3）见到婴儿吃手指时，父母亲应该适当地给予制止，可以用手轻轻地将他的手指从口中拉出来，用其他玩具等分散婴儿的注意力。

（4）母亲不应该经常性地把宝宝独自一个人放在床上或者摇篮里，应该多陪陪婴儿，可以拉拉他的小手，逗他开心。也可以用一些玩具和他一起玩耍，使他在玩耍中忘记这个习惯性的动作。

（5）可以给宝宝一些辅助型的营养套餐，比如在他的手里放一些饼干，补充一些鱼肝油或者补钙剂等。

（6）最重要的还是要经常给宝宝洗手，做好清洁工作，也可以在宝宝的手中放上干净的磨牙棒。

（7）让宝宝接受阳光的照射，但要注意防晒，多饮水，

（8）切忌一些不好的做法，比如在婴儿的手上涂抹一些药物，或者训斥打骂婴儿。这样只能给宝宝造成更大的心理伤害。

2. 吃脚趾头

🍒 情景模拟

小青自从怀孕以后到现在，就一直没有再出去工作，目前宝宝已经6个月多了，出于对宝宝的爱，在照顾宝宝方面小青很细心。

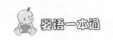

尽管没有什么经验，但是小青却很在意宝宝成长中每一天的每个细节。

随着宝宝的逐渐长大，小青发现，宝宝开始频繁地吃自己的脚趾头，特别是宝宝一个人的时候，宝宝会把自己的脚趾头塞进嘴里啃。

小青觉得宝宝的这个动作太不雅，还不卫生，当看见宝宝再去咬脚趾头的时候，就强硬地把宝宝的脚拉过来，但是不一会儿宝宝又会把脚趾头重新放进嘴里。小青看着宝宝的样子，觉得又好气又好笑，不知道该怎么办。

于是，小青就向自己的邻居张阿姨请教。

小青来到张阿姨家，向张阿姨讲了宝宝总是吃脚趾头的事情，并露出很无奈的样子。

张阿姨听了说道："这小孩啃脚趾头和吃手指是一样的道理，都是小孩子喜欢吸吮的一种表现，你不要强硬地去干涉宝宝，顺其自然就好了。"

小青疑惑地说："这不是很傻吗，哪有天天抱着脚趾头不放的宝宝啊，让人见了多不雅观啊。"

张阿姨继续说道："这是宝宝必经的一个阶段，不过你可以用其他方法稍微地改变一下他的习惯。"

小青很好奇地问她："都有哪些好办法啊？"

张阿姨说道："其实就是转移宝宝的注意力，不要让宝宝老是惦记着自己的脚趾头，应该用其他东西来代替，这样就可以慢慢地让他忘记咬脚趾头这件事情了。"

小青听了说道："这么简单啊，我见超市卖磨牙棒，是不是就是用在这方面的啊！"

张阿姨说："是啊！可以用磨牙棒代替，不但有助于他牙齿的生长而且卫生安全。"

……

🖤 解　析

情景中小青的宝宝面临的就是吃脚趾头的问题。宝宝吃脚趾头的原因，主要有以下几个方面：

（1）与吃手指一样，当宝宝牙齿开始生长的时候，由于牙龈发痒，所以往往会通过咬东西止痒。这个时候宝宝基本上就可以扳起自己的小脚了，所以吃脚趾头就是一个很好的发泄办法。

（2）吃脚趾头是宝宝的一种探索和感知的行为，说明宝宝已经开始拥有了支配自己手脚的心理和能力。这是宝宝肢体动作相协调的一种表现，也是宝宝智力开发的一个关键步骤。父母应该尊重宝宝的这种感知和探索行为，不能强硬地进行干预，否则会给宝宝的身心健康和智力发育造成一定的负面影响。

（3）当宝宝一个人孤独寂寞或者感到无聊的时候，也会通过玩弄和啃咬脚趾头进行情绪的调整和安慰。父母应该学会观察和了解宝宝的这种一系列行为，进而尊重宝宝的意愿，培养宝宝的自信心，维护宝宝的身心健康。

（4）目前，绝大多数孩子都是通过奶瓶喂养，奶瓶喂养一般很难完全满足宝宝的吸吮欲望，所以这些孩子大多会通过其他东西来弥补和代替自己的吮吸欲望。因此就出现了这种咬啃脚趾头的现象。

（5）当宝宝缺钙，身体营养跟不上的时候，也会出现吃咬脚趾

头的现象。

爱婴小贴士

对于宝宝吃脚趾头的这种现象，妈妈不应该强硬地给予干涉，但可从这一现象的背后探测出埋藏在宝宝心间的秘密。所以妈妈应该注意以下几点，使宝宝健康成长。

（1）既然宝宝吃脚趾头不干净、不卫生，妈妈就应该注重宝宝的手脚干净，穿袜子的时候应该保证袜子是干净的。

（2）不能刻意或者强硬地去制止宝宝，学会适时地引导，可以用其他东西来分散和转移宝宝的注意力。比如用玩具，或者与宝宝玩耍，让宝宝有其他事情可做。

（3）适量地给宝宝补钙，增加一些营养补品，促进宝宝身体骨骼的生长。

（4）不要把宝宝一个人放在一个地方玩耍，父母应该在乎一下宝宝的心理感受和情绪反应，给宝宝多一些关怀和在乎。

（5）可以在宝宝的口中放入干净的磨牙棒和假奶头等，使宝宝不单单会想起咬脚趾头。

3. 吃玩具

情景模拟

高凌今年有了自己的宝宝，宝宝是一个非常可爱机灵的小男孩，这下可把高凌高兴坏了，天天把宝宝当成一个宝贝一样宠着。

除了老公给宝宝买一些儿童玩具外，她也会经常去逛商场给宝宝买许多玩具。家里的玩具堆得就像一座山似的，但她还是乐此不疲，她认为这是开发孩子智力的一个重要途径。

宝宝长到 6 个多月的时候，高凌发现好多玩具宝宝根本就不会玩，只是喜欢把玩具放进嘴里吃。这下可气坏了高凌，她一方面怀疑宝宝的智力有问题，另一方面又担心玩具会对宝宝的健康产生不好的影响。

于是高凌找自己的姐姐学习经验。姐姐已经走过了自己的这个阶段，总比自己有方法。高凌向姐姐讲了自己对宝宝吃玩具这件事的困惑和烦恼。

姐姐笑笑说道："是你自己太紧张了吧。宝宝这么小，你就想着让宝宝玩玩具开发智力，况且你买的好多玩具都应该是 1~2 岁的孩子玩的，像他这样才 6 个月大根本不会玩，只好吃了。还有你发现没有？他这个时候也喜欢吃手指，这是很正常现象，这是宝宝对吸吮的一种正常反应，一般你给他什么东西，他都会往自己的嘴巴里放，所以你不用太在意。只不过以后要多注意这些玩具的卫生，有的玩具是有毒的，还要保持干净，否则很容易引起宝宝身体不适的。"

听了姐姐的话，高玲才明白宝宝为什么会经常吃玩具，这只是一种单纯的吸吮行为，所以她也就放心了，不再担心是自己宝宝智力的问题了。

她决定不再盲目的给宝宝买玩具了，应该根据宝宝年龄阶段选择适合的玩具，另外也加强了玩具的质量和卫生要求。

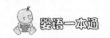

如今，随着宝宝渐渐的长大，他已不再经常性地拿起玩具就吃了，开始慢慢地摸索着自己玩起来了。

解　析

情景中的宝宝喜欢吃玩具，其实不是一件特别奇怪的事情，这是宝宝必经的一个阶段，所以妈妈无须过度地担心和忧虑。

宝宝喜欢把玩具含在嘴里或吃玩具，主要有以下几个方面的原因：

（1）吮吸是人的一种本能和天性。特别是对于刚刚开始发育的宝宝，他们的进食需要一个过渡和缓冲的阶段。一周岁的宝宝经常需要通过吸吮来感知和适应这个世界和生活。所以不管你给他什么东西，他都会将它们塞进嘴里，也不是吃，就是喜欢啃。

（2）当宝宝开始长牙时，牙龈会感到一些痒，所以需要一些东西来刺激牙龈，磨牙。玩具是他经常触手可及的东西，所以会经常性地把玩具塞进自己的口中进行啃咬，这与"吃手"的习惯是同一个原理。

（3）吃玩具是宝宝学习和探知世界的一个重要途径和环节，他们能从吃玩具的过程中感受到无穷的快乐和情趣。

（4）宝宝一个人觉得很无聊和孤独，没有人陪伴，只好通过吃玩具自己玩耍，其实是一种排遣和发泄自己情绪的一种行为。

爱婴小贴士

对于宝宝爱吃玩具的现象，妈妈应该做到顺其自然，但是还是需要做到以下几点：

（1）对于宝宝吃玩具的这一现象，妈妈不应该强硬地制止宝宝甚至打骂宝宝，特别是在让宝宝吃饭时，宝宝还咬着玩具不放。妈妈应该学会慢慢地引导，使宝宝一边开心地玩，一边对吃饭感兴趣。

（2）"病从口入"的说法不无道理，妈妈在购买玩具的时候，一定要注意玩具的质量，一定要到正规的玩具店去购买那些有国家安全质量保证的玩具，必须保证所购买的玩具无毒害。

（3）在选择玩具的时候还应该注意玩具的安全性，不能选择那些尖锐的危险的玩具，以防宝宝塞进嘴里刺伤自己。

（4）要根据宝宝的实际年龄阶段选购玩具，选购适合他玩的玩具。要买那些硬度不同和柔然性不同的玩具，让宝宝适应不同手感和触感的玩具，从而帮助宝宝更有效地探索世界。

（5）发挥玩具的多样性。不仅要有可以触摸的玩具，还可以购买那些能够开发宝宝视觉冲击，听觉的玩具。比如可以选择色彩鲜明，形式各样的图片，小饰品，或者拨浪鼓、小铃铛等。

（6）最重要的就是玩具的清洁度和卫生保证，也就是说妈妈一定要定期地给这些玩具消毒和杀菌，确保玩具的卫生，谨防宝宝含在嘴里引发口腔病或者肚子疼等疾病。

（7）父母不要以为有玩具的陪伴，宝宝就可以玩得很开心，就经常性地把宝宝独自一个人放在一边，这样很容易使宝宝对玩具产生依赖感和孤独感，不利于宝宝的身心健康。所以妈妈应该多陪陪宝宝，让宝宝在母爱的温暖怀抱中渐渐忘却对玩具的依赖感。

妈妈应该重视玩具对宝宝健康快乐的重要性，毕竟玩具是陪伴宝宝成长的一个重要元素，只有恰当地处理好宝宝与玩具之间的关

系，才能促使宝宝快乐地成长。

4. 不停摇头

情景模拟

海霞今年春天刚做妈妈，对于孩子出现的一些症状也不是很了解，一般不懂就问自己的婆婆。但是最近婆婆去远方的亲戚家了，所以照顾宝宝的事情只能完全靠自己了，因为丈夫平时工作比较忙，再加上出差的时候比较多，所以就更没有精力和机会来照顾宝宝了。

最近海霞发现宝宝不论是在睡觉时，还是在玩耍时，喜欢不停地摇头，她观察了好久，也没找出一个名堂来。于是她决定向自己的好朋友请教一下。因为自己的好朋友艾丽已经怀上第二胎了，在带孩子方面肯定有一点经验。

于是，第二天她就去找与自己同在一个小区的艾丽。她向艾丽讲了宝宝一直摇头的事情。

艾丽说道："孩子摇头是很正常的一种反应，因为婴儿在2个月左右的时候，脖子的肌肉已经开始发育了，头部的所有神经系统也开始发育了。所以他就开始不由自主地活动自己的脑袋了。"

海霞又问道："需不需要增加一些营养来促进宝宝的成长呢？"

艾丽说道："我第一胎都没有太在意，孩子不也是好好的嘛，不用担心，过了这个阶段，慢慢就好了。"

海霞听了，顿时心里觉得舒服了一点儿，悬着的一颗心终于落地了。

回家后，她发现宝宝的摇头频率一点也没有减少反而增加了。海霞决定带宝宝到医院做一下检查。

到了医院后，医生告诉她："像这种摇头现象比较严重，持续时间比较长的，就不是单纯意义上的摇头，这是缺钙导致的。我建议你回去以后给宝宝补钙，这样的话，会有所减轻。还有就是现在天气比较热，宝宝无法适应室内的高温，但是又不会表达，只能用摇头来发泄。所以注意给室内降温，让宝宝睡得安稳，但要防止感冒。"

海霞听了，恍然大悟，这看似简单的摇头背后居然蕴含着这么多问题，这些都是宝宝成长中不得不经受和面对的问题。做妈妈的一定要根据自己孩子的具体情况找到正确的解决方法，而不能盲目的听从他人的意见。

海霞庆幸自己幸好找到医生给宝宝做了一个确诊，要不然宝宝还要经受多久的痛苦啊！

💙 解　析

摇头是婴儿必经的一个阶段，一般从婴儿 2 个月开始，他的脑部神经和脖颈的神经就开始发育了，但是还没有完全发育成熟，所以他们需要摇头，来熟悉自己头部的灵活性和新技能。

还有一种原因，这是儿童抽动症的一种表现。这只是身体的一种本能反映，婴儿自己根本无法控制。它是一种自发的、无规律的、快速的一种抽搐性症状。这种轻微的摇头，对婴儿的智力和身体没有多大的影响，随着时间的推移会自行缓解。

以上是正常情况下的轻微摇头，没有实质性的危害，但是针对不同的婴儿表现的摇头频率和程度也要具体分析原因，因为还有其他不健康的症状。

（1）当宝宝身上出水痘或者长湿疹的时候，由于身体发痒，但是又不知道用手去抓和挠，所以只好用摇头来蹭痒。

（2）缺钙的表现。假如是缺钙的话，父母平时在生活中，应该多注意观察宝宝是不是存在这些状况，比如夜间经常性啼哭，枕秃，睡眠不安等，如果存在这些状况最好去医院检查一下。

（3）渐渐长大的宝宝，一般在5个月左右的时候，食量就开始增加了，这个时候宝宝摇头只是对新增加食物的抗拒和反感。

（4）当天气太热，室内温度过高时，再加上宝宝自身的体温就比较高，所以感到不舒服，就用摇头来散热。

（5）有的宝宝只是很随意地模仿大人，没有实质性的原因，这个时期的宝宝年龄段一般在7~8个月；对音乐敏感，有的宝宝听到有节奏和动感的音乐会不由自主地随着音乐摇头。

（6）宝宝还不会说话时，语言表达有障碍，所以用摇头来表达自己的心情和想说的话。父母应该多观察，分析宝宝到底是想表达什么意思。

（7）当宝宝枕着枕头还摇头时，看一下是不是对枕头的不适应，或许是因为枕头太硬，太高，还有可能就是患上了枕秃。如果是这样的话要更换枕头，或者给宝宝换一下枕枕头的姿势，确保宝宝感到舒服从而安心地入睡。

（8）小宝宝容易患耳肿炎，自己又不懂得抓和挠耳朵，痒痛难忍就只好用摇头来"泄恨"。

对于以上出现的很多种情况，父母应该在平时的生活中多留心，多观察、分析宝宝出现的异常现象，然后根据具体的实际情况，加以预防，保障宝宝健康地成长。

怎样预防以上几种产生摇头的症状呢？

（1）给宝宝补充一些辅助营养品，比如维生素 A，婴儿钙片，鱼肝油，并且要补充维生素 D，同时增加食物的补充。

（2）天气晴朗，阳光不错的天气可以带宝宝到阳光充足的地方去晒晒太阳，吸收一下阳光的能量，但要注意防晒。

（3）对于经常以乳品为主的宝宝，可能会因为过敏出现一些皮肤病，如湿疹。这个时候父母应该及时带宝宝去医院进行治疗，不能耽误时间。在平时，给宝宝勤洗手，勤剪指甲。

（4）给宝宝选择透气性比较好、柔软的小枕头。并且要时常地更换宝宝的睡觉姿势，让宝宝感受到一个舒服的睡觉姿势。

所以，妈妈应该平时多留意宝宝的摇头现象，根据具体情况断定其背后的原因，不能盲目的道听途说，随意地给宝宝吃药或者治疗，这样只会使宝宝的成长遭遇更大的障碍。

5. 两手乱舞

夏林今年终于实现了做妈妈的梦想，拥有了一个可爱的女儿。

夏林把这个可爱的小精灵当做是上天送给她最美好的礼物，一直十分疼爱和关切地照顾着她。

目前，宝宝已经4个多月了，夏林几乎每天把自己的所有精力都放在宝宝身上，对宝宝的健康和成长非常重视。但是最近她发现一个问题，宝宝在睡觉的时候，会突然发出哼哼叽叽的声音，并且两手乱舞，腿脚不停地抖动。

这下可把夏林吓坏了，它看着宝宝很痛苦的样子很难受，于是就问婆婆这是怎么回事儿。婆婆说道："这是因为宝宝受了惊吓，给她叫叫魂儿就好了。"

夏林说道："什么叫魂儿不叫魂儿的，都是迷信，怕是宝宝得了什么病吧？"

夏林自己思索着，于是决定到医院给宝宝做一个全面的检查，看一下宝宝是不是身体不舒服。

到了医院经过检查，宝宝并没有什么不正常。医生说道："就你宝宝的情况来看，这是一个很正常的状况，因为几个月大的宝宝全身的神经系统还没有完全发育好，所以在睡觉的时候会去主动适应身体自身内部的调节和生长，这就是你看到她睡得不安稳、双手乱舞、腿脚发抖的样子的原因了。"

夏林听了医生的话，觉得医生分析的很有道理，于是就问："那有没有什么办法可以缓解一下呢？"

医生回答道："平时多注意观察，毕竟这个时候是孩子成长发育的时候，身体正需要充足的营养。"

听了医生的解释，夏林悬着的心终于放了下来。

解　析

对于宝宝双手乱舞这一现象，其实是比较常见的。在宝宝成长和发育过程中是必经的。所以，作为父母应该正确的分析及理解这一行为。

情景中是对宝宝在睡觉过程中的其中一种反应，在生活中宝宝的这种反应还代表不同的含义，这需要妈妈根据实际的情况去探索和解读，只有这样才能了解和懂得宝宝所想表达的意思，进而采取相应的措施。

（1）当宝宝心情很好，情绪高涨的时候，因为不会用语言去表达，所以往往会双手乱舞，叽叽呀呀地去表达。

（2）当宝宝表示心情烦躁，对某些东西抗拒和厌恶时，也会双手乱舞，并且将目光转向其他地方，这种情况下的宝宝是需要安慰的。

（3）当睡觉时，宝宝感到很热的时候，也会双手乱舞，甚至会去蹬被子，这个时候妈妈应该给宝宝散热，让宝宝情绪恢复平静。

（4）当宝宝白天受到什么惊吓，情绪波动太大，甚至没有充足睡眠的时候，往往也会出现这种情况。

（5）由于每天睡觉的次数比较多，所以会有深睡眠和浅睡眠之分。当处于浅睡眠状态中，往往身体会有一种不自由自主地抽动，这是宝宝自身无法控制的。

（6）当宝宝感到饥饿、口渴或者想大便时，由于表达不出来，也会通过挥舞双手来表达。

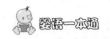

对于宝宝双手乱舞的行为，妈妈应该做到对症下药，具体问题具体分析。

（1）及时地给宝宝补钙、补锌和增加辅助营养，从而满足宝宝身体的需求。

（2）有的妈妈把宝宝一个人放在床上，宝宝会双手乱舞，其实宝宝是在索求妈妈的拥抱，所以妈妈应该及时地给宝宝以拥抱，不要让宝宝情绪烦躁或者失落。

（3）当宝宝睡觉的时候，应该保证睡觉环境的安静，提高宝宝的睡眠质量。

（4）给宝宝选择散热性和透气性好的棉被和枕头，保证宝宝睡得舒服和踏实。

（5）不要让宝宝受到惊吓，说话声音要尽量压低，以免刺激宝宝。

（6）要勤剪指甲，以防宝宝不小心划破自己的脸。

（7）及时地给宝宝补充饮水，避免宝宝因为干渴而产生情绪的波动。

妈妈应该从宝宝的双手挥舞动作中，解读出宝宝表达出来的真实意思，进而为宝宝解决烦忧，促进宝宝健康快乐地成长。

6. 两腿乱蹬

情景模拟

前几天，梅梅去见自己的大学好友娜娜，大学毕业至今已经快5年了，大家基本上都找到了生命中的另一半了，并且还有了可爱的宝宝。

娜娜结婚的比较早，孩子目前已经2岁多了，而梅梅的宝宝只有5个月。两个人在一起避免不了要叙叙旧，讨论一下现在的生活，更关键的是要交流一下带孩子经验。

"娜娜，你看，你的宝宝真可爱，都已经会走路了，你看我的宝宝现在还这么小，呵呵。"梅梅看着自己的小宝宝，满心地希望着他快一点长大。

"你的宝宝也可爱啊，其实小孩子长得挺快的，刚开始看着他软软的，什么也不会动，转眼间就已经会走路了。"娜娜看着在地上已经会走路的宝宝夸张地说着。

"是啊，那你可得好好给我传授一下带宝宝的好经验，让我的宝宝也健健康康地长大。"梅梅说道。

"好啊，有什么问题，知道的我都告诉你。"娜娜回答道。

"最近，我总是发现宝宝在睡觉的时候，会突然猛地蹬腿，满脸涨红。有时醒着的时候平放在床上也会把腿抬高，这是什么原因呢?"梅梅很担心地问道。

"偶尔的蹬腿是很正常的，小孩子嘛，又不会说话，只能用自己的肢体语言表达了。照你说的情况是睡觉姿势不正确，或者是白天被吓着了，所以夜里会害怕。"娜娜给梅梅分析道。

"他还会蹬被子，你说现在天也不是很热，他为什么还会蹬被子呢?"梅梅很疑惑地问道。

"那就是被子让他不舒服了，很有可能是被子太厚太硬了，压得他难受了。"娜娜很有经验地说。

"你说得也有道理，回去我得给宝宝换一个松软的被子。但是除

了这个原因，我还是不放心，今天回去我得带他到医院再检查一下，看看有没有其他的毛病。你说这么小的孩子，不会说话，还真难搞懂呢。"梅梅很困惑地说道。

"哈哈，你都已经是做妈妈的人了，说话怎么还像一个小孩子似的。"娜娜笑着说。

两人闲聊了半天。下午梅梅带宝宝去医院检查。

医生说道："通过检查来看，你的宝宝经常性地蹬腿的主要原因是体内缺钙。你应该注意给他补钙了。"

听了建议，梅梅心里想：原来宝宝蹬腿这个动作有这么多原因啊，自己差一点就被搞晕了。

解　析

宝宝在成长的过程中，有一些现象是必须要经历的，如情景中的蹬腿。一般情况下，宝宝蹬腿是因为他的身体内部正在成长。特别是腿部肌肉在舒展，所以他的腿会不由自主地抖或者抬高。这种情况下，父母不需要大惊小怪，只是多注意宝宝的日常保护就好了。但是一旦出现以下几种情况就需要注意了，就不是单纯的一个动作了。

（1）假如宝宝睡着后，你把他放在床上，这个时候他会醒来，放声大哭并且双腿抖动，不肯睡觉。这种情况有两个原因。一是因为床上的温度太低，你可以想想本来有妈妈抱着很暖和。突然放到床上，温度的落差使他有一种不平衡感。所以会蹬腿，以示抗议。另外一个原因就是宝宝习惯了被人抱着睡觉，对大人有一种依赖感，不愿意独自一个人留在床上。

（2）小孩子普遍存在的一种现象——缺钙。主要是因为小孩子生长得特别快，那么他所需要吸取的营养也要随着不断地增加。但是有些父母并没有加强这方面的关注，所以会不同程度地出现缺钙。

（3）宝宝想移动身体，但是由于自身力气有限，只能靠蹬腿来移动或者表达自己想移动的心理。

（4）蹬腿还有可能是因为他想尿尿了，或者尿布让他不舒服。

（5）当宝宝处于浅睡眠状态时，也会蹬腿。这个时候妈妈应该轻轻地拉拉他的小腿，这样他的肌肉就可以放松，也有助于身体的长高。

爱婴小贴士

对不同的蹬腿现象。妈妈应该具体问题具体分析，找到合适的办法给予解决，使宝宝健康地成长。

妈妈可以针对上面列举的几种情况，相应地采取一些措施和解决办法。

（1）多注意宝宝的日常成长状态。看一下他蹬腿的时间和频率，以及在什么状况下容易蹬腿。

（2）多陪宝宝，不要经常性地将宝宝一个人留在一个地方，让宝宝产生一种焦虑和孤独的感觉。

（3）经常带宝宝到阳光充足的地方晒太阳，并且和其他宝宝放在一起玩，让宝宝很开心，分散他摆弄自己双腿的注意力。

（4）补钙是关键。随着宝宝的逐渐长大，要定时定量地给宝宝

增加一些营养补品，促进骨骼的生长。

（5）唱儿歌给宝宝听，让他在愉快的心情中进入甜蜜的梦乡，这样就不会出现那些在梦中惊醒、乱蹬双腿的现象了。

（6）不要让宝宝过早地学习走路，由于宝宝的腿部力量很有限，一旦学走路的时间太早，腿部承受过大的压力，容易导致腿部肌肉痉挛，不仅会经常性地蹬腿还会使腿部变形，形成 O 形腿，影响最后的走路姿势和整体形象。

7. 举起双臂

情景模拟

周涵的宝宝是一个特别好动的小男孩，最近周涵发现一个令她很担忧的事情，那就是当宝宝睡觉的时候总会突然惊醒，然后把两脚伸直，并举起双臂，看着好像很害怕的样子。遇到这种情况，周涵就连忙把他的胳膊轻轻地放下去，然后宝宝才恢复正常。

周涵感到很纳闷，于是就去医院向医生咨询关于宝宝的这种现象。

医生说道："这种现象在医学上成为'惊厥'，其实就是因为宝宝的神经系统还未完全发育完整，十分敏感脆弱，很容易受到惊吓。所以会在睡觉的时候不由自主地出现举起双臂，腿脚抖动，甚至放声大哭的样子。"

周涵听了问道："那这种现象正常吗？是不是其他宝宝也会出现这种现象呢？"

医生笑着说道："这种现象很正常，稍微严重的可以称为惊厥，轻微的反应则不是惊厥，它只是宝宝的一种正常身体反应，过了一段时间，随着宝宝自身免疫力的增强，这种现象就会消失了。"

周涵听了，心里才安稳了一些。

医生接着说："虽然你不必太担心，但是在平时的生活中还是要注意一点，不要让宝宝受到什么不好的刺激，这样对宝宝的身心健康是不利的。"

周涵问道："有什么办法可以减轻宝宝发生这种现象的频率吗？"

医生回答道："当然有，其实还是要注意宝宝的作息时间，最好保证作息有规律，并且要让宝宝在比较安静的环境下休息。"

周涵点点头说道："那我以后得多注意观察宝宝，帮助宝宝尽快地度过这段时间……"

解　析

针对宝宝在睡觉的时候会举起双臂的现象，情景中提到了这是一种正常的现象，其中主要原因，是因为宝宝的神经系统发育不完全，反应比较敏感。还有另外一个原因，是因为宝宝在母亲子宫里的时候也是这个动作，所以在脱离母体后还习惯性地保持那个动作睡觉。其实这也是宝宝最放松、最舒服的一种睡觉姿势。

除了以上几种普遍的情况外，在其他状况下，宝宝也会举起双臂。

（1）当宝宝睡醒时，会想要伸伸懒腰，也会不由自主地举起双臂，这个其实是宝宝舒活筋骨的时候，有利于身体内血液的循环，

以及促进骨骼生长，有利于宝宝身高的增长。

（2）当宝宝想向父母或者他人索要拥抱的时候也会高举双臂，这个时候往往会表现出很高的热情。

（3）有的妈妈会给宝宝穿太厚的衣服，这个时候宝宝会觉得浑身不舒服，活动起来不方便，于是就会有意识无意识地举起双臂，目的就是想让自己感到舒服一点儿。

（4）宝宝对外界生活的不适应，会缺乏一种安全感，在他们的意识中，期望抓住一些东西来保证内心的安全感，所以他们往往会举起双臂来保持身体的平衡，获取一些安全感。

（5）当宝宝睡觉时，感觉到很热或者不透气时也会作出这个动作，所以对于宝宝来说睡觉的舒适度也很重要。

爱婴小贴士

对于宝宝来说，举起手臂会表达不同的意思，妈妈应该对此做出不同的反应，进而使宝宝感到舒服。

（1）首先要为宝宝创造一个安稳的、舒适的睡觉环境，保证宝宝有一个良好的、高质量的睡眠。

（2）给宝宝准备柔软的、舒服的、透气性好的棉被。

（3）要根据天气的具体情况，给宝宝穿上厚薄适宜的衣服，不能穿得过厚，否则易造成宝宝活动的不方便。

（4）当宝宝在睡醒伸展双臂时，妈妈应该抚摸一下宝宝的身体，使宝宝全身的肌肉得到放松和舒展，促进宝宝的成长。

（5）当抱宝宝时，应尽量抱住宝宝的身体，不要使宝宝有悬空的感觉，更不要使宝宝感到害怕或者没有安全感。

（6）平时说话，应该轻柔一点，多逗宝宝开心，使宝宝的情绪安定，这样宝宝睡觉时也会很踏实、很安心。

◆婴语小结：解读需要，不让宝宝有冷落与焦虑感，吃到嘴里的东西尤其要谨慎

宝宝的异常行为背后，往往隐藏着很多问题，也许是一种不良疾病在暗自作祟；也许是潜藏着什么重大的危机。这需要妈妈在日常的生活习惯中去多加研究和解读，只有完全解读出这些异常动作背后的原因，才有可能实现切实地关心宝宝。

一些看似简单的动作，宝宝表现出来，也许就会有不一样的意思。只有从这些异常动作的背后探知出其中的原因，才能对症下药，才能为宝宝的健康保驾护航。

妈妈在日常照顾宝宝的时候，应该从细微处观察宝宝的异样反应，然后根据不同的反应判断可能的原因，进而采取相应的措施，保证宝宝有一个健康的身体和美好的未来。

第四章　无神——宝宝不高兴其实有话说

1. 宝宝发呆

情景模拟

　　一个夏日的午后，知了在不停地叫，一位妈妈抱着宝宝在外面的树荫下乘凉。大街上有很多的人，很热闹。

　　这位妈妈走到另一位抱着宝宝的妈妈旁边，两个人很自然地交谈了起来。

　　这位妈妈说："你家孩子才三四个月吧，这么小，她的眼睛很有神，圆圆的、大大的，真可爱。"

　　另一位妈妈说："是啊，宝宝太小了，我希望她快快长大，这样就不用太操心了，你家宝宝快一岁了吧？"

　　这位妈妈说："我家宝宝十个月了，都快会走路了，最近宝宝不知道怎么了，老是一个人发呆。你说说这是怎么一种情况，宝宝发呆是不是有问题啊？"

　　另一位妈妈说："我听别人说宝宝的大脑在以惊人的速度发育，就像是一块永远吸不饱水的海绵，所以要不停地给他刺激，这样能丰富他的感知，不能老让孩子发呆!"

抱着男婴的妈妈说："我在厨房里做饭时，就会把孩子一个人放在卧室里，偶尔出来看他时，发现他呆呆地坐在那里，什么也不做，有时是看着窗外的天空发呆，有时就是朝着一个方向，你换一下他的坐姿吧，他还是往前看着，目光没有焦点，也没有看什么东西，就只是朝前看着。"

另一位妈妈说："孩子该不会是太压抑了吧? 你给他一个玩具让他玩，让他有事做就行，孩子老发呆会不会变得迟钝啊?"

"我就是担心这个，今后要常陪陪他，和他说说笑笑，带他出来玩，可不能再马虎大意了。"抱着男婴的妈妈说道。

这两个妈妈就这样议论着，对于宝宝的发呆各抒己见。

解　析

在很多妈妈眼中，宝宝发呆就好像有问题。通常宝宝发呆都是他一个人的时候，宝宝无事可做，手脚又不是十分灵活，又不需要那么多的睡眠时，就会四处张望。

这个时候，家长可以观察一下有什么特别的东西吸引了宝宝，是不是有东西吸引才会一直朝着那个方向看。情景中的妈妈，给宝宝换了个坐姿，宝宝还是朝前看，说明宝宝的视野中没有固定的目标，眼神只是自然地朝前看而已。

在宝宝一个人的时候，宝宝对周围的世界并没有十分清楚的认识，没有家人的陪伴，他不知道自己要做什么，确切地说，他对自己所处的状态还是无意识的。

(1) 这种发呆并不是一种时间的浪费，只是宝宝自身的状态，家长

不必大惊小怪。在生活中，可以多逗逗宝宝，多和宝宝聊聊天，和宝宝一起玩游戏，有意识地培养宝宝的各种反应能力、动手能力。当宝宝懂得如何自己玩，有兴致一个人玩玩具时，这种发呆的状态会改善很多。

如果任由宝宝经常性的发呆，一个人完全沉浸在自己的状态中，没有加以干预的话，宝宝很可能养成自闭的性格。所以当宝宝发呆时，要及时地干预，让宝宝活跃起来。

（2）要注意观察一下宝宝发呆的频率，他是有时一个人的时候，无意识地发呆、还是经常性地发呆？发呆频率较少的话，并没有什么大的问题，因为这可能是宝宝累了，不想玩了，这种发呆是一种休息。这就和大人累了，眼神漫无目的地看着前方是一样的道理。

情景中的妈妈说要经常陪宝宝玩，带宝宝出去玩是对的。因为宝宝的自理能力差，还不懂得如何自处。平时多和宝宝说说话，带宝宝出去散散步，这都有利于宝宝的身心发展。下次看到宝宝发呆，可以带他到小朋友多的地方，让他感受到同伴带给他的欢乐，集体的玩乐有助于培养宝宝开朗的性格。

（3）值得注意的是，如果宝宝经过锻炼，还是没有进步，经常发呆的话，那就要到专业的医院做一个全面的检查。

妈妈平时要多留意宝宝，在宝宝还小的时候，尽量不要让宝宝一个人长时间的待着。

爱婴小贴士

宝宝在 5~6 个月时，已经可以注视远距离的物体，比如说桌椅、茶杯、玩具、周围的大人。宝宝的眼睛开始形成了视觉条件反射，这时候，如果宝宝对某一种物体感兴趣的话，他就有可能长时间地一动不动的注视着它。再加上宝宝手脚不太灵便，也没有太多的心理活动，整体看来，妈妈会以为宝宝是在发呆。

这种现象可以通过妈妈经常和宝宝讲故事、做游戏、带宝宝玩得到改善。孩子一个人长时间待着容易发生自闭，这多发生在两三岁后的宝宝。这时候的宝宝，因为家庭成长的环境开始影响其性格的发展。

对于比较小的宝宝，如果出现了发呆的情况不要惊慌。看到他发呆时，可以随时呼唤他，引起他的注意。

总之，宝宝的成长是一个社会化的过程，让他多和大人互动。当宝宝丢失注意力，眼神空洞时，可以用鲜艳奇特的东西，比如说红气球、棕色的木马等试探宝宝的反应能力。

宝宝的发呆除了遗传因素，比如说家长都很内向，主要还与他的成长环境有关。宝宝年龄太小，还没有自己完整的，成逻辑的思考，此时的发呆在他们的头脑中并没有什么想法。毕竟，他们的思维活动有限。

妈妈要给宝宝足够的关注，发呆是一种不好不坏的现象。在陪宝宝玩乐的时候，逐步培养宝宝的兴趣，让宝宝学会独立地玩耍，宝宝发呆的情况将会有所减少。

2. 宝宝无精打采

情景模拟

小娜的宝宝有 8 个月了，体质一直不好，经常发烧感冒。这位年轻的妈妈每天胆战心惊，她小心翼翼地照顾宝宝，唯恐宝宝出现

一点儿毛病。

一天上午，她抱着宝宝到邻居家玩。邻居家的小冉是一个大学生，非常喜欢和小孩玩。每当她功课多，比较累的时候，她都会来小娜家逗宝宝玩。

门开了，小冉见到宝宝很高兴，第一时间接过了宝宝，和宝宝说话。小娜看着自己的宝宝很心疼，因为宝宝最近很没有精神，好像一点儿力气都没有，头都直不起来。

小冉说："宝宝怎么不笑啊，逗了他老半天了，看着无精打采的，是不是生病了啊？"

小娜说："上个星期，他扁桃体发炎发烧了，去医院输了两天的水，我刚给他量过体温，已经不发烧了。"

小冉说："宝宝吃奶吃得多不，你看他浑身无力的，一点劲儿也没有，抱着他软绵绵的。"

小娜叹了口气说："最近让他试着喝面汤了，也让他吃了馒头、菜等，反正大人吃的时候会顺便喂他一点儿，前两天吃得好好的，可谁知又开始拉肚子了，估计是胃口不好，没有消化吧！"

小冉抱着宝宝晃了又晃，可宝宝就是高兴不起来。看着昏昏欲睡的宝宝，小冉说："宝宝看着想睡觉，没有精神，要不拍拍他睡觉吧。"

小娜说："这是上午，先别让他睡了，晚上大人睡的时候他如果不睡，又要熬夜陪他了，我想着带他出来转转，也许会好一点儿，整天待在家里太压抑了，别说宝宝病了，我感觉自己也快病了。"

小娜很心急，宝宝这几天呕吐、拉肚子比较严重，去医院看了看，医生说是没有什么大碍，可能是上次的炎症没有完全好造成的，宝宝各方面都很正常。看着自己健康的宝宝，却没有生气，无精打采的，小娜也快急出病来了。

解　析

从情景中可以看出，这位妈妈很焦急，但却找不到问题的所在。她知道宝宝老在家里待着不好，就有意识地抱着他到邻居家玩，这一点儿很正确。

邻居家的小冉对宝宝无精打采的现状做了分析，她先是怀疑宝宝是否生病了。大人生病的时候没有力气，也没有精神，何况一个还不到 1 岁的宝宝呢。

（1）病理上的原因会让宝宝无精打采这是肯定的。如果宝宝感冒发烧、或是消化不良都会闷闷不乐，表现得很不高兴。

（2）宝宝饮食上应该注意。宝宝的肠胃很脆弱，吃太多的东西或是一些未曾吃过的东西都会引起肠胃不适，表现得很没有精神。

情景中的妈妈在喂养时存在着一些问题，每次喂一种新食物后，必须注意宝宝的粪便及皮肤有无异常的情况，如腹泻、呕吐、皮肤出疹子或潮红。显然，情景中的宝宝没有精神很大一部分原因就是腹泻。

宝宝会因腹泻脱水而精神不好。脱水的表现还有皮肤弹性差、哭闹眼泪少、尿少等。这些我们可以通过细心观察从而得出结论。如果是这种情况，妈妈可以通过给宝宝补充水分，糖盐水也可以。

（3）一定要给宝宝足够的睡眠。这个是保证宝宝有一个好的状态的先决条件。宝宝的睡眠时间比较多，可以逐步使宝宝的睡眠时

间和大人的睡眠时间大部分相符，可以适当地减少宝宝白天的睡眠。但这样的改变是循序渐进的，不能特意而为之，这样会使宝宝很累。

如果宝宝总想躺着，特别没有精神的话，这时就要去医院化验一下血，查清宝宝没精神的具体的原因。

妈妈对宝宝的照顾不要局限于宝宝能够吃好穿暖，还应该关注宝宝的精神状态。宝宝无精打采、没有生机，有可能是某些疾病的前兆。

爱婴小贴士

宝宝如果没有精神，就显得没有生机。这是妈妈最不愿看到的。为了提高宝宝的精神，可以从以下方面做出努力：

（1）黄金规律，早睡早起

宝宝没有精神，要首先考虑是不是睡眠不足，宝宝正在闹觉。1~2岁的宝宝平均每天应睡12个小时左右。另外宝宝很容易疲劳，注意让宝宝午睡。对宝宝来说，体力的恢复是很重要的。宝宝吃和睡都是成长的需要，宝宝看似很轻松，没有劳累，其实，宝宝身体正处于发育的阶段，需要很大的能量和物质供给。

（2）注意饮食，保证身体健康

合理均衡的饮食为宝宝身体健康和良好精神状态创造了条件。这个时候的宝宝一般都是少吃多餐。可以选择一日三餐，再加上上午和下午中间各一次加餐，这样可以充分满足他们的能量供应。

另外，光吃蔬菜不吃肉或是光吃肉不吃蔬菜，都是不正确的喂养方式。对宝宝辅食的添加一般都是从谷物和蔬菜开始的，随着宝宝月龄的增长,才可以逐步添加肉制品。9 个月大的宝宝每日的饮食中应尽可能加一些肉类的食物,但这并不表示以肉类为主。

在饮食中,还要注意食物的合理搭配,才能达到均衡营养。有些水果或是干果,如香蕉、葡萄干,可以给孩子提高能量和微量元素镁。可以说多吃水果蔬菜,是补充维生素的最佳途径。

(3)提供娱乐时间满足精神的快乐

爸爸妈妈可以利用自己的休息时间,陪宝宝玩耍,关掉电话或是手机,给宝宝一个和爸妈独处的机会。还可以带宝宝到郊区散步,给宝宝营造一个平静的娱乐环境。在大人获得宁静和休息的时候,宝宝也享受到了安逸和亲密的时光。

3. 宝宝将头或身体往角落、狭小空间挤

情景模拟

在一个客厅的沙发上,两个妈妈正在聊家长里短,两个宝宝在一起玩玩具。拿着玩具跑来跑去,很是可爱。

一位妈妈感到很欣慰,她笑着说:"看着宝宝有伙伴和她一起玩真高兴,我家宝宝总是喜欢挤在家里的一个小角落里,她什么也不做,一个人看着很落寞的样子。"

另一个妈妈说:"还有这回事?小孩子才 14 个月,表现得挺奇特的,不过应该没有什么大问题吧!"

那位妈妈又说:"我担心孩子一个人待久了不快乐,现在她又老

爱往角落挤，我怀疑这是不是一种自闭的表现啊？"

另一位妈妈说："小女孩也许就是爱安静地待着，这样她会觉得有安全感，心里比较平静、感到舒适吧。"

那位妈妈又说："你家宝宝是男孩，比我家的宝宝大3个月，他经常会将头或身体往角落挤吗？"

另一位妈妈笑了，她指了指屋里角落里的柜子说："我记得有一次，宝宝和隔壁的几个年龄稍大的孩子玩，我家宝宝老爱掀柜子，往柜子里钻，要不就是钻到桌子底下，都是一些很狭小的空间。"

那位妈妈自言自语道：如果躲在角落里是在玩，那也没有什么的，如果不是的话，也许宝宝是因为缺乏安全感才这么做的。

她回想起自己的宝宝十分的怕黑，并且很敏感，稍微听到外边的一点响动就会缩成一团，待在那里一动不动。

看着沙发上玩得高兴的女儿，这位妈妈陷入了沉思。

解 析

都说"越长大越孤单"，确实有一定的道理。因为随着宝宝月龄的增长，特别是宝宝满一岁之后，妈妈对宝宝的关注度会越来越少。此时的宝宝已经可以走路，能够独立地玩耍，换句话说，宝宝一个人的时候多了，宝宝可以做自己想做的事而不用依靠父母的带领。

宝宝如果经常将头或身体往角落或是狭小的空间挤，如果他们不是在故意这样玩的话，那就要考虑宝宝是不是缺乏安全感。这种安全感的缺失，一方面是宝宝受到的关注度不够，另一方面就是宝宝天生敏感，性格使然。

至于宝宝是否患了儿童孤独症，可以从以下方面做出判断：

（1）过于孤独。在喂奶时，宝宝不将身体靠近大人，别人伸开双手去抱时，宝宝没有反应，不看来抱他的人。

（2）不爱说话，总是保持沉默。只是一味地模仿，像鹦鹉学舌。有时代名词用错，称自己为他。

（3）无原则地坚持自己的行为，不希望别人的变动。如坚持某些物品的摆放样式，别人不能随意变动。如果别人变动了物品摆放的顺序，宝宝会把它摆成原来的样子，如果无法保持原样，宝宝就会哭闹。

（4）钟情于某些或某一个小物件。比如说自己的饭勺，自己的奶瓶，他们会表现出特别浓厚的兴趣，甚至产生了依赖，经常拿出这些物品，而对家人表现得不理不睬。

当然，这些有时表现了宝宝的小思想，小个性。只有这些偏执达到了一定的程度，才说明宝宝患了儿童孤独症，有很强的自闭倾向。

我们要经常带宝宝出去散步，宝宝永远是大人的心肝宝贝，不能让宝宝产生孤独、不安全的心理感受。

🍒 爱婴小贴士

宝宝爱往角落里挤的心理分析：

（1）越是狭小的空间越容易掌控，宝宝太小，和自己匹配的空间小一点，他们才会觉得有安全感。在宝宝眼里，角落里是一个安

全又安静的地方。

（2）往角落里挤的孩子，往往有着更丰富、更敏感的内心。狭小的空间可以给人心灵的自由，宝宝可以在这个空间里得到休憩与满足。

（3）爱挤角落的孩子可能有能力方面的欠缺，他们羞于表现自己，就把自己躲起来。他们害怕自己处在不能掌控的局面里，害怕听到爸妈否定的声音等。

（4）爱挤角落里的孩子也往往不善言辞，他们不很活跃，他们好像一直处于思考的状态。这样的宝宝长大后，他们更善于反思和自省。

4. 宝宝神情烦躁不安

情景模拟

小珍家的宝宝一岁半了，每天全家都是围着这个小宝宝转。可是宝宝最近显得比较烦躁，脾气一点儿也不好，也不听大人的话了。

这天，小珍在喂宝宝吃饭，宝宝吃着吃着头一扭就去玩别的了。小珍在一旁很着急，孩子不好好吃饭怎么行，她就强行拉着宝宝让宝宝吃饭，宝宝这一下气恼了，他不停地推饭碗，夺筷子，还把饭碗推翻了。小珍很生气，伸手就打了宝宝的屁股，这一下，宝宝更不安定了，紧皱着眉头，很不高兴，差点儿哭了出来。

吃过饭后，小珍就带着宝宝出去玩了，她想着让宝宝出去转转，吹吹风，也许宝宝的心情会好一点。她也不愿意看到宝宝心情烦躁的样子。

在大街上，人很多，也很热闹。这时，小珍碰到了自己小区里的王阿姨。王阿姨刚买完菜回来，她看到宝宝，就顺手拿出了一个菜叶让宝宝玩，可宝宝拿着菜叶，噘着嘴一副很不情愿的样子。王阿姨对小珍说："孩子怎么看起来生气了啊，没有以往活泼了。"

小珍说："也不知道是怎么了，最近他老爱发脾气，显得很烦躁，你说这么小的小孩，他会烦躁啥？"

王阿姨说："小孩爱吃饭吗？小孩缺钙的话，就会显得烦躁不安，如果缺锌的话，就不太爱吃饭，出现厌食的症状了。"

小珍说："这个我没有注意，他平时吃饭都是吃一点就不吃了，怎么劝怎么哄都不行。也许是缺乏钙、锌了。"

"你看，他一个人在那儿吃手呢，哎呀，手太脏了。"小珍边说边拉出宝宝在嘴里吮吸着的手指。

王阿姨说："尽量放松心情，我看你的心情也很烦躁，你俩也别去街上的闹市上，吵得慌，还是去小区里人少的地方坐一坐吧！"

小珍带着宝宝来到小区公共长椅上坐下，四下无人，很是安静，宝宝的情绪似乎渐渐平静了下来。

解　析

宝宝的烦躁情绪表现很明显，这位妈妈不知道如何消除宝宝的烦躁情绪，受到宝宝情绪的影响，也开始烦躁起来，遇到这种情况，很多时候我们也会这样。

这种因为宝宝的烦操不安而对自己情绪的影响肯定是不对的，在照顾宝宝的时候，妈妈要保持冷静，俗话说，兵来将挡水来土掩，

妈妈不仅要掌控好自己的情绪，更要积极应对宝宝的低落的情绪反应。

（1）宝宝精神烦躁不安，可以从饮食上加以考虑。宝宝正是长身体的时候，对钙的需求量比较大，如果体内缺钙长时间得不到补充的话，不仅会出现牙齿发育不良、盗汗、夜惊等，一段时间后还会出现厌食、便秘、精神烦躁不安、肌肉抽搐等症状。

还有，宝宝缺锌的话，也会出现食欲下降、厌食或是异食癖，智力落后，皮肤愈合缓慢，抵抗力下降等。

这些，可以通过饮食加以调节。平时，家长应该多让宝宝吃含钙和锌丰富的事物。含钙丰富的食物有奶类、海带、虾皮、豆制品、动物骨头等。含锌丰富的食物有海螺、动物肝、禽肉、蛋黄、海带、坚果等。

（2）宝宝脾气不好，烦躁不安，也有可能是他没有安全感。宝宝会通过吮吸手指减轻内心的恐慌和焦虑。这时候家长不要妄加阻拦，而应给宝宝一定的自由空间。如果粗鲁地拉开他的手，并说他一顿，这只会让烦躁的宝宝更烦躁。

（3）寻求安静的环境，让烦躁冷却。当宝宝精神烦躁时，就要远离大街、商场、公交车上等人多的地方。

育儿专家表示，给宝宝更多的关注和爱抚，让宝宝有自由玩耍的空间，自由选择的权利，大人极少的干涉，会让宝宝自信而快乐。往往不被关注的宝宝，受压抑的宝宝，会出现情绪焦躁，更易哭闹。

爱婴小贴士

宝宝的情绪反应比较单纯，往往是直观而明显的。当宝宝出现烦躁情绪，对事物表现得不耐烦，和家长一起吃饭、玩游戏表现得不情愿时，家长可以尝试带宝宝到安静的地方散散步。

（1）安静的环境会让宝宝有舒适感。比如说公园的草地、住宅区的小树林、一排排的小石凳等。环境的安静会促使宝宝自身的安静。宝宝的安静对其自身的成长也有重要的意义。

（2）适度的连续的刺激，也可以使烦躁不安的宝宝安静下来。孩子烦躁哭闹时，可以给宝宝喂奶，从而遏制住他不满的情绪。如果宝宝不饿，可以轻轻地晃动他们；或是用玩具吸引他们的注意力，摇晃玩具发出连续不断富有节奏的声音；也可以给他们洗脚，玩水是他们的天性，让水引起他们的注意等。总之，一些连续不断的刺激可以让他们的心率缓慢下来，呼吸变得均匀，减少躁动，从而安静下来。

（3）如果宝宝烦躁不安，一直不能安静下来，还出现了某些生理病症，如打喷嚏，拉肚子、咳嗽等，则要立即去儿科大夫那里诊断一下了。

5. 宝宝眉筋凸暴、小脸憋红

情景模拟

一个炎炎夏日，太阳正当空照，周围很安静，李楠抱着宝宝在屋子里走来走去，她很着急。因为她似乎感觉到宝宝有点不舒服了。

事情是这样的：她和宝宝原本在床上安静地睡着了，空调开着，外面虽然气温高到了35℃以上，但在屋里她一点儿也没有感觉到。宝宝本来睡得好好的，可是突然宝宝的脸变得好红，她推了推睡在

一旁的丈夫说："哎，宝宝的脸怎么这么红啊？是不是发烧了？"

丈夫太累，睡得正香，说："不会吧，屋里这么凉快，宝宝不会中暑的，好好地怎么就发烧了呢？"

李楠又说："宝宝是不是吓着了，你看他的眉筋凸暴，看着真让人揪心啊！"

丈夫不以为然地说："这么安静，怎么会吓着了？没事，小孩子也有自己的情绪反应，他们表现的喜怒哀乐是没有意识的，你就不要在那里大惊小怪了。"

李楠听了听周围的声音，很安静，除了隐约可闻的知了的叫声，还有隔壁房间父母电扇的声音。天气真的很热啊，还好有空调，要不然宝宝绝对受不了的，她暗想。

她关切地对丈夫说了句："你好好睡吧，睡醒了还要上班，外面挺热的。等你晚上有空了，我们去咨询一下小区的儿科医生，问一下是怎么回事，我就不在这里瞎猜了。"

丈夫听着听着又睡着了，这时他突然又坐了起来，看了一下宝宝的尿片，露出一副胸有成竹的样子。宝宝憋红了脸肯定是要大便了，丈夫的鼻子灵敏，一下子就闻出了尿布的异味。丈夫为宝宝换尿片……

李楠坐在一旁看着丈夫为宝宝换尿片，她很想笑，又感到自己做妈妈的太无知了，竟然不明白宝宝传达的讯息。

解 析

情景中的妈妈为自己不懂宝宝的语言感到很遗憾。其实，宝宝在成长的过程中，会通过自己的表情或是动作向大人传递一些信息，大人有时候往往会理解错误而已。

当怀疑宝宝是否感冒发烧时，大可不必慌张，因为这只是你初步的怀疑，还没有得到论证。这时候应该替宝宝测量一下体温了。另外，宝宝出现以下情形时，也可以考虑为宝宝量一下体温。

（1）宝宝一直过度的出汗或者是宝宝皮肤干热。

（2）宝宝的脸色稍显苍白或是出现了不同寻常的潮红。

（3）呼吸不均匀，要不过快要不过慢或暂停。

（4）宝宝出现了轻微的感冒症状，如打喷嚏，流鼻涕，出现鼻塞，咳嗽，声音不洪亮等。

（5）宝宝情绪大不如以往，焦躁不安或是注意力不能集中，变得无精打采的。

（6）宝宝出现了呕吐、拉肚子等。

可以看出，情景中妈妈的怀疑不无道理，因为宝宝脸色变得通红，也有可能是发烧的前兆。而孩子发烧是最经常的事。

一般如果宝宝的体温达到37.5℃以上38℃以下就是低烧了。特别是夏天的时候，父母一般都爱用空调降温让宝宝舒服一点，可宝宝的温差适应能力很弱，经常会因此而感冒。

当宝宝出现眉筋凸暴、小脸憋红时，就有可能是在向父母暗示，他要大便了。父母应该对宝宝的照顾无微不至，但父母也要善于"观色"，对宝宝观察得多了，就会掌握宝宝的"生活作息"规律。

🍂 爱婴小贴士

宝宝大便前蹙眉，小脸憋得通红是怎么回事呢？

（1）这是因为宝宝的肛门还没有完全形成，这个部位很敏感，并且宝宝排便的时候需要的力气比成人需要的力气要大。当宝宝使劲大便时，小脸自然会憋得通红。

（2）宝宝的神经发育还不十分健全，神经冲动不能自然地分化，一个排便的冲动会引起全身的肌肉都收缩，小脸会涨得通红通红。但这种情况一般出现在1~2个月的宝宝身上，随着宝宝月龄的增长，这种情况会有所改善。

（3）宝宝便秘的时候也会脸色憋得通红，大便太干时，宝宝需要更大的力气。天气干燥的时候宝宝容易上火，应该多让宝宝喝点水。每天可以抚摸、按压宝宝的腹部，这有利于疏通肠道，有利于宝宝大便。

6. 宝宝皱起鼻子，嘴里发出咕噜咕噜的声音

情景模拟

夕阳西下，傍晚，一个小宝宝躺在床上玩，他来回地在床上翻来覆去，不知疲倦，也不停歇。

而不远处的妈妈坐在宝宝旁边和家里人看电视。又到了该做饭的时间，婆婆张罗着做饭，厨房里不时传来切菜的声音。也许电视里的剧情太搞笑，使得这位妈妈和小姑子一直不停地笑。

这位妈妈边看电视边看看宝宝，宝宝仰面躺在床上，眼睛盯着天花板，一会儿抬起了小脚，一会儿伸直了胳膊，嘴里还发出咕噜咕噜的声音。

这位妈妈对小姑子说："宝宝好像也在跟着笑呢，他嘴里刚才还

发出了咕噜咕噜的声音，难道他听得懂电视里的剧情，还是被这种剧情的氛围感染了，哈哈。”

小姑子说：“是么，我也听到了，他嘴里咕噜咕噜的，太可爱了。”小姑子边说边起身抱起了宝宝。宝宝望着小姑，显得很无辜，嘴噘得圆圆的，还皱着鼻子。小姑看着笑着说：“宝宝这么天真，还做出这么复杂的表情，真不知道他在表达什么。”

这位妈妈看了看，说：“哎，可不是，小孩子人小鬼大吧。”

电视剧继续着，很嘈杂。小姑子被剧情吸引了，没有怎么关注宝宝。此时，宝宝的嘴噘得更高了，越来越不高兴。这位妈妈扭头时看到了宝宝的表情，先是吃了一惊，随后就起身抱着他走出了卧室，她边拍边哄，到了厨房门口问婆婆是怎么回事。

婆婆说：“宝宝烦了吧，噘起小嘴表示他很不满意，给宝宝拿个玩具玩玩吧。”

这位妈妈说：“我还以为他在调皮呢，后来怎么说翻脸就翻脸了，越来越不高兴了。原来他也知道烦啊。”

妈妈拿来了好多玩具，这些玩具有的会转，有的会跑，有的还发出了声音，宝宝收起了原先奇怪的表情，开始笑着看玩具。他边看边向妈妈指着自己感兴趣的玩具。

看着宝宝专注的眼神，这位妈妈明白了宝宝刚才的表情的含义。原来宝宝被忽视了。

解　析

情景中的妈妈真可谓是后知后觉，她起初并不明白宝宝皱起鼻

子，嘴里发出咕噜咕噜声响的确切含义。

一般情况下，宝宝无事可做的时候，如果被家人忽视，他们就会有一种很想摆脱这种状态的心理，但自己却无能为力，所以会噘起嘴巴，发出咕噜咕噜的声响。

周围的环境对宝宝也有一定的影响，环境的嘈杂只会平添宝宝的烦恼。安静的环境可以使人平静，宝宝也会觉得很轻松。如果环境变得很乱很吵，并难以忍受，宝宝的烦也在情理之中。

情景中的宝宝一个人躺在床上，他翻来覆去就是在表示抗议，而这位妈妈却以为宝宝这样只是因为好玩。

很多妈妈觉得，宝宝静静地一个人待着、吃饱穿暖了就可以了。可是，随着宝宝月龄的增加，宝宝也会产生情感的需要，他们也希望有人陪着玩，有自己的事做。

过去大人们总认为宝宝什么都不懂，但研究结果已经表明，宝宝天生就有思维能力，这种思维能力在模仿中逐渐增强。世界的所有事物对宝宝来说，都是陌生的，宝宝好奇心强，他们通过触摸，把东西放在嘴里咀嚼来感知周围的事物。一旦这种接触外物的欲望被打破，宝宝就会觉得很烦，很没有着落。

爱婴小贴士

随着宝宝月龄的增长，宝宝渐渐表现出了人际交往的需要。而宝宝最初的人际交往是从妈妈开始的，因为妈妈是宝宝最亲近最依赖的人，身体语言是宝宝开始学习人际交往方式的最初的表现。在宝宝咿咿呀呀会说话之前，就开始用手指或是行动表示自己的需要，因此作为最亲密的人，我们应该去理解宝宝的各种行为。不同年龄段的宝宝所表达的意思会有所不同：

6个月的宝宝已经可以伸开双臂，扑向亲人的怀抱。而当陌生人伸开双手想要抱他们时，他们会通过扭头或者转身表示抗拒。

7～8个月的宝宝进入了身体语言期，他们表达需要或是态度时，不但有表情、动作，嘴里还会发出声音。他们开始学会和别人打招呼，表示自己想要或不想要，还会表示感谢和再见。

9～10个月的宝宝已经会用手指指向自己喜欢的物品，或是用手势表达自己的其他需求。等到11～12个月，宝宝就学会了说话，会用简单的言语来表达自己的愿望了。

7. 宝宝不与妈妈对视（不耐烦地躲避妈妈的目光，或者干脆眯缝着双眼不理睬妈妈）

情景模拟

在一个阳光灿烂的周末午后，因为妈妈与宝宝已经好久没去外边玩了，今天正好丈夫休息，所以这位妈妈抱着自己的宝宝与丈夫一起出去逛街。

也许是宝宝好久都没有出来晒太阳了，刚开始的时候，他一直躲进妈妈的怀抱，不肯露出头。这位妈妈见阳光很好，又有一丝微风，就强迫宝宝露出头，一会儿让宝宝看远处的气球，一会儿又让

宝宝和爸爸打招呼，让他和爸爸玩。

不一会儿到了商场，宝宝的精神好了一点儿，还有点兴奋。这时，爸爸主动要抱宝宝，这位妈妈说："宝宝喜欢和我待在一起，你都不经常抱他，没有经验，你抱着他我不放心。"

丈夫叹了口气，很无奈，说："那你抱着吧，只要不觉得累，我是无所谓。"

他们一家三口在商场里逛了好久，这样的机会很是难得，因为丈夫上班总是很忙，周末还经常加班。这位妈妈好像有说不完的话，一路上喋喋不休。

中间在买儿童玩具的时候，妈妈把宝宝给了丈夫抱着，腾出双手的妻子挑选了很多的玩具逗宝宝玩，宝宝刚开始还挺喜欢的，可渐渐没有了什么兴致，然后这位妈妈不停地拿来更多的新玩具。看到各式各样的玩具，这位妈妈比宝宝还要兴奋，最后，她禁不住挑选了很多，准备留着以后给宝宝玩。

在回去的公交车上，人很多，妻子抱着宝宝坐着，丈夫拿着买的东西站在了一旁。也许是坐了太久的公交车，宝宝开始在妈妈的怀里闹腾，她拍了又拍，哄了又哄，可宝宝用手揉着眼睛，不理妈妈，伸直了腰不断地折腾。

妈妈看到这种情况，不断地安抚说：宝宝要坐好，还给了宝宝一个吻，可宝宝还是不乐意的样子，伸开双手抓住一旁爸爸的胳膊。

丈夫接过宝宝，宝宝似乎安静了很多，因为人太多，怕挤着宝宝，准备把宝宝再次交给妻子，可宝宝一直躲避妻子的眼神，打着哈欠，不愿意的样子。

无奈，爸爸在公交车上一直抱着宝宝，宝宝趴在爸爸的肩上，很安静很乖。

解　析

在这个情景中，我们可以看到最后宝宝对妈妈有了排斥的心理。这是怎么回事呢？我们分析一下这个事情的过程：

（1）当一家人出门时，宝宝害怕强烈的光线，很自然地躲进了妈妈的怀抱，妈妈以为宝宝没有精神，为了让宝宝高兴，她特意让宝宝抬起了头，四处观望。阳光给宝宝带来了刺激。

（2）在逛商场时，妈妈一直喋喋不休，似乎有说不完的话，但却忽略了宝宝，对于宝宝来说也是一种刺激。

（3）在买玩具的时候，妈妈开始拿着玩具讨宝宝的欢心，宝宝的兴奋并没有持续太久，而这位妈妈却一直沉醉在兴奋之中，这又是一种忽视与新的刺激。

（4）在公交车上，宝宝眯着眼不理睬妈妈，显得很是不安，这是因为公交车人多而带给宝宝的一种新的刺激。

我们看到在整个的过程中，宝宝在妈妈的怀里受到了太多的"刺激"，其实宝宝的心情是可以理解的，由于宝宝过多的受到"刺激"后，因此他会躲避妈妈的目光，他用手揉着自己的眼睛，打哈欠，这都说明了他想要休息，不想受到妈妈太多的刺激。

在生活中，都说母子连心，但宝宝和妈妈长时间的待在一起，妈妈给予宝宝太多的刺激，宝宝还是会脱离妈妈的怀抱，寻求最佳

休息场所的。这是一种正常的现象。

爱婴小贴士

宝宝开始不喜欢与妈妈对视，躲避妈妈的目光，或是干脆眯着双眼不理睬妈妈时，这可能是宝宝累了的讯号。

宝宝的精力很有限，不要试着一直给宝宝刺激，逗宝宝欢心，这样只会让宝宝感到很累。

宝宝的快乐就是妈妈最大的快乐。从宝宝对妈妈的态度可以看出，妈妈对宝宝的刺激是很大的。由于妈妈长时间地和宝宝待在一起，不注意就会给宝宝带来很多的刺激。我们都知道，宝宝是最喜欢和妈妈的，当宝宝吃奶时、当宝宝玩玩具时、当宝宝……宝宝对妈妈有着天生的依赖，但妈妈对宝宝的刺激达到一定的程度，宝宝就会产生自然而然的逃离感。

妈妈在平时与宝宝交流时，一定要有一个度的把握。妈妈是宝宝的守护者，只是不要让这种守护变成一种伤害。当宝宝出现此类讯号时，妈妈可以留意一下，他可能是在说：

"妈妈，我好累啊，你今天给我的刺激太多了，我受不了了，让我安静地待一会儿，好不好？"

宝宝不愿与妈妈对视，并不是讨厌妈妈，而是表现了自己的不良情绪。这一点，妈妈要明白。妈妈对宝宝的关爱会只增不减，但宝宝是否能完全接受还是另外一回事。这就需要掌握一定的技巧。天下父母心可以理解，特别是对于还不能独自表达的宝宝，一定要细心再细心，多观察多留意，不要对宝宝有误解。

8. 宝宝瞪眼、弓背、握拳、脚趾弯曲、全身悸动

情景模拟

吴涛和侯莉是一对年轻的夫妻，半年前他俩新晋级为爸爸妈妈。宝宝现在也有半岁多了。为了便于观察宝宝的动向，给宝宝最及时的呵护，他俩晚上总是开着灯睡的。看着宝宝一天天健康地长大，两个人都很欣慰，感到很幸福。

可是，最近几天，侯莉会被宝宝突然挣扎的举动吵醒，宝宝有时会表现出很惊恐的表情，眼睛瞪得很大；有时候会大哭起来，弓着背，小手紧握着，感觉他全身都在用力；有时候会全身悸动，好像被什么可怕的东西吓着了。

侯莉看到宝宝的这种情况，心里很不踏实，她问吴涛这是怎么回事，吴涛说："小孩子做噩梦了吧，没事，也许外面的声响吵着他了，最近外面总有人放烟花，声音挺响的，我有时都被吵醒了。"

侯莉自言自语道："宝宝竟然也会有惊恐的感觉。"过了一段时间，事情并没有好转。宝宝的惊恐反而越来越明显，差不多每半个小时就能看到他全身抖一下的，她急匆匆跑过去问婆婆怎么会这样。

她对婆婆说："宝宝老是全身悸动，表情可怕是怎么回事啊？"

婆婆说："宝宝都会这样的，因为宝宝还没有出生时，有胎盘的保护，宝宝动一动就可以碰到胎盘，就有了安全感，现在他感觉不

到了，自然会不安、害怕。"

侯莉又说："那也不能老是这样啊，我在他旁边，看着他这样甭提有多担心了。"

婆婆说："宝宝长大一点儿就好了，每次他惊恐害怕时，你轻拍拍他，尽量让他安静下来，宝宝需要安全感啊。"

侯莉点了点头，对婆婆的话半信半疑。她本想着再过几天如果宝宝还是这样，就去医院看看的，后来按照婆婆的方法试了几天，宝宝睡觉稍微安稳了一点儿。

解　析

原本睡得好好的宝宝，在夜晚突然表现得很惊恐的样子，吓得这位妈妈胆战心惊的，侯莉的婆婆说的也有一定的道理。其实，宝宝夜里出现惊恐的现象并非偶然。宝宝出生以后，每天都在接受外界不同的刺激，这种刺激会给宝宝不同程度的影响。有些影响是积极的，有助于宝宝的成长，比如说给宝贝说话、唱歌；而有些影响则是消极的，对宝宝的影响也很深刻，比如说吵杂、巨响。

通常情况，宝宝夜里突然惊醒、惊恐的原因有：

（1）日有所思，夜有所梦。宝宝白天受到了不良的刺激，这些刺激在大脑皮层下储存了下来，在宝宝晚上睡觉的时候，这些刺激又得到了释放。刺激的形成有周围人对宝宝的捉弄吓唬，或父母的责备打骂等。

（2）病理上的刺激。疾病会引起人体内部生理的不平衡，如肺部疾病患者经常性地梦到背着重物行走，或是胸部受到了很大的压迫，或者会有被人掐住脖子的快要窒息的感觉。在噩梦中，宝宝往往心中有恐惧却无能为力无法躲避，就会惊醒，全身颤动。

（3）处于睡眠时，外界的干扰。当宝宝正在安静地睡着时，外界突然的声响会打破宁静的睡眠环境。宝宝的感知很敏感，这些响动会让宝宝产生惊恐。

·如果是身体上病理的原因，爸爸妈妈要及时带孩子到医院检查。

·如果不是病理上的原因，宝宝的这种惊恐出现的频率会随着月龄的增长而减少，爸爸妈妈平时应当注意，白天不要给宝宝太多的不良刺激，也不要吓唬宝宝，让宝宝保持平静愉快的情绪。这样能有效地避免宝宝出现夜惊恐的现象。

爱婴小贴士

宝宝双手紧握成拳，脚趾也出现了弯曲，全身好像都在用力时，要轻拍宝宝分散他的注意力，宝宝稍后就会回过神来，这主要是惊吓引起的。这在宝宝的成长发育过程中是非常常见的现象，妈妈不要太担心。

（1）当宝宝突然表现出很惊恐的样子时，首先要注意一下周围的环境，看是不是外因造成的影响。如周围有没有突然发生巨响或是其他异常的情况。

（2）宝宝都有恐惧的心理，这会使还没有发育完善的中枢神经系统暂时的功能失调，进而使宝宝无意识地出现精神方面的异常情况。

宝宝正在成长中，各方面系统的生长发育不完全，又不断地接受着外界的刺激或是病理上的刺激，这都会使宝宝产生异常的举动，有时表现的是惊恐，有时则表现的是高兴。

（3）为了给宝宝营造一个安稳的睡眠，一定要注意以下几点：

①在宝宝睡前，要注意保持宝宝平静愉悦的情绪。

②要逐渐培养宝宝早睡早起的习惯，睡前不要让宝宝吃得太饱或是喝过多的水。

③不要让宝宝过度地兴奋，玩得太累。

◆婴语小结：细心观察，及时洞悉看似平常表象下的危机

宝宝的表情很丰富，不同的表情代表着宝宝要表达的不同意思，比如我们以上所讲到的宝宝发呆、没精打采、烦躁不安、瞪眼等，这些都表达了宝宝不同的心理需求。

他们是在用这种行为表情告诉我们："我病了，我很难受"、"我太累了"、"我受到惊吓了，很害怕"等。妈妈只有懂得这些体态、表情语言，才能给宝宝最大的照顾。

宝宝通过这些体态、表情与妈妈沟通，妈妈在接受这些信息时，要善于思考、分析，总结经验，了解宝宝的需求，这样才能达到完整意义上的沟通。并且这些信息从某种程度上说，反应了宝宝的精神状态和身体健康状态。

情境婴语

第五章 不良表现——宝宝异常是信息反馈

1. 宝宝吐奶

情景模拟

　　蔡芹的女儿已经有两个多月大了，从女儿一出生，她和丈夫两个人就对女儿悉心照顾。可是前不久，她的女儿在喝完奶之后，总是吐奶，并且还是大口的吐出。于是她和丈夫又改用米粉喂女儿，他们将米粉放在锅里加热后，再兑放少许牛奶。可是女儿有好几次还是会大口地吐奶。

　　这天，她抱着女儿到外面去消食，刚巧碰到了小区里的另一个妈妈周敏，于是在闲聊之际，蔡妈妈就问周敏说："周敏，你儿子现在有六个月了吧？他在两个月大的时候有吐奶的现象吗？我家孩子最近老是吐奶，我也不知道是怎么回事儿。我们都快急死了，就准备过两天带她去检查一下呢！"

　　周敏忙说："你也先不要着急，我们家宝宝也曾有这些现象出现，听我婆婆说每次只要拍拍他的后背就行了。后来我试了一下，还是挺有效的。后来确实不太吐了。你回去之后，先试一下。"

蔡芹感激地说："哎呀，太谢谢你了！你出现得真及时，我回去就试试，我们以前怕拍打孩子不好，一直都不敢拍打她，没想到拍打有这样的作用啊！"

这时，周敏又说："其实，每个小孩儿吐奶的原因都不太一样。我也不敢肯定你们家宝宝是什么原因，如果这个方法没有用，我建议你还是带着宝宝到医院去检查一下吧。"

蔡芹回到家之后，按照周敏的方法试了一下，效果不是太显著。无奈之下，蔡芹就带着女儿到医院去检查。

检查结束之后，医生看了看检查报告，对蔡芹说："其实，你们家宝宝的身体没有什么问题，小孩儿吐奶也是一个正常现象。你的孩子吐奶也许是因为你每次给她吃得太多了！"

医生将正确的喂奶方式，给蔡芹讲了讲，蔡芹还是不放心，又向医生询问了一下宝宝吐奶的其他原因。

解 析

其实，宝宝的吐奶诱发原因也有很多，包括：

（1）宝宝的胃部和喉部发育还不够成熟

因为婴儿刚刚出生时，他们的胃部是横躺着的，呈现出一种不稳定的状态，胃部入口也比较松，他们不会像大人一样，在进食之后，胃部入口会收缩，来防止食物逆流回食道。

婴儿在进食之后，因为胃部入口还比较松，所以还不能进行收缩。这样会很容易就导致已经进入胃部的奶汁，逆流回食道。这才导致了他们的吐奶。

同时，也是因为婴儿的喉头位置比成年人要高，他们含乳头的方式也比较笨拙，在吃奶的同时，也会吸入一部分空气。所以，当婴儿打嗝或是身体晃动的时候，也会将奶吐出来。

（2）给宝宝喂食过多

因为婴儿不会表达自己的意愿，我们总是觉得宝宝吃得越多越好，所以，很多爸爸妈妈在给自己的孩子喂奶的时候，往往会过量，因为宝宝不知道饥饱，很容易让宝宝吃撑，这也是宝宝吐奶的原因之一。

宝宝的胃容量较小，胃部入口的收缩作用也比较差，同时宝宝胃部的出口又比较紧，所以，当宝宝吃奶过多时，因为胃部出口紧，容易受食物的刺激产生痉挛，然而胃部入口比较松，就会很容易地被食物冲开，这样会让食物倒流会食道中。造成了宝宝的吐奶。

（3）给宝宝喂食的姿势不正确

因为宝宝的胃部呈现的是水平状，又因为宝宝胃部入口比较松，当妈妈给他们喂食的时候，应该让宝宝的头稍微抬高一点。喂奶也要定量，最好不要过于频繁地给宝宝喂食。每次给宝宝喂过奶之后，要轻轻地拍打他们的背部。不要急于将孩子放在床上，更不要马上就逗他们嬉笑，也不要将宝宝包裹得太紧。

（4）宝宝的肠道出问题了，或是其他系统存在病变

宝宝吐奶也可能是由于肠道出了问题，或者是其他系统存在病变。此时的宝宝会频繁地呕吐，并且还会吐出黄绿色或咖啡色的液体，可能还会有发烧、腹泻的症状出现。

一旦宝宝出现了这种现象，我们就应该立即就医。

（5）最好给宝宝喂食母乳

在给宝宝喂奶的时候，喂食母乳要比用奶瓶喂食更好。因为用奶瓶给宝宝喂奶，会让宝宝吐咽大量的空气，而吃母乳则不会产生这种情况，宝宝的嘴和妈妈的乳头刚好形成一个真空吸附，所以空气是不容易侵入的。

爱婴小贴士

宝宝吐奶虽说是一个非常普遍的现象，但是，我们在给宝宝喂奶的时候，一定要掌握一定的技巧。

（1）我们在给宝宝喂奶时的姿势一定要正确。在给宝宝喂奶的时候，我们应该将宝宝的头稍微抬高一点，用食指和中指捏住乳头，其余的手指按住乳房的下面，以防乳汁流出的速度过快。

当我们用奶瓶给宝宝喂奶的时候，不宜将奶嘴开得过大，只要开两三个小的孔眼就可以了，防止乳汁流得太快。

（2）给宝宝喂奶一定要定时定量。当我们给宝宝喂食过多，或者是喂食太过频繁的话，会让宝宝的胃产生饱胀感，容易导致宝宝吐奶。

（3）在我们每次给宝宝喂过奶之后，一定要将宝宝轻轻地抱起来，让宝宝趴在妈妈的肩膀上，再用手轻轻地拍宝宝的后背，这样可以清除宝宝在吃奶时吞下去的空气，减少吐奶的可能性。

（4）在我们将宝宝喂饱之后，不要马上就逗宝宝嬉笑，或者是让宝宝运动，最好的办法就是让宝宝能够入睡，宝宝的睡姿应采用右侧躺着，这是为了避免压迫宝宝的胃部。同时，宝宝的身上不要盖太重的东西，衣着也不要太紧。

（5）我们也可以用拍嗝的方法来防止宝宝吐奶，在宝宝吃饱之后，将宝宝竖着抱起来，在宝宝的后背上轻轻地拍打五分钟以上。如果宝宝还是不能打嗝，我们也可以试着用手掌按摩宝宝的后背，支起宝宝的下巴，让宝宝坐在我们的腿上，然后再轻拍宝宝的后背。当宝宝坐着的时候，胃部入口是朝上的，因此打嗝也就比较容易了。

（6）在宝宝吐奶后的半个小时之后，我们可以用勺子给宝宝喂一些白开水，来给宝宝补充水分。

（7）虽说宝宝吐奶不是什么病，但是对于宝宝在吐奶后的精神状态和身体状态我们要多多注意，当宝宝在吐奶之后，依旧有精神不振、情绪不稳、哭闹、发烧、肚子胀等症状，此时我们就应该谨慎了，宝宝有可能是生病了，此时我们就应当带宝宝到医院去检查。

2. 宝宝呛奶、溢奶是在表达什么

情景模拟

前一段时间于梅因为家里有事需要回一趟老家，因为不放心将自己两个月大的宝宝交给旁人来带，于是，她就带着宝宝一起回去了。

回来之后，于梅像往常一样在给自己两个月大的宝宝喂奶，突然发现宝宝好像被呛了一下，于梅赶紧给宝宝顺了顺气，也没有当回事。可是，接下来的几天，宝宝的呛奶、溢奶现象越来越严重了。

有时候，当宝宝每次喝过奶之后就会溢奶，有时还会不停地咳嗽，就像是被呛住了一样。最严重的一次是，宝宝刚刚喝过奶就一下子全给吐了出来。

于梅很是着急，可也不知道到底是怎么回事，她以为是因为自己带宝宝回老家染上了什么病。赶紧带着宝宝到医院去检查，跟医生简述了一下宝宝的情况，还特意把回老家的事情告诉了医生。医生进行了全面的检查后，告诉她说：

"宝宝呛奶、溢奶跟你们回老家没有直接的关系。因为婴儿跟我们成年人的胃部结构有所不同，所以，平时在给婴儿喂食的过程中要注意方法的得当……"

解 析

宝宝呛奶、溢奶到底是在向我们传达着什么信息呢？到底是由什么原因引起的呢？

（1）在前一节我们已经介绍过了，由于宝宝的胃是水平状的，胃的底部过于平直，所以，吃进去的食物是很容易溢出来的。在宝宝逐渐学会走路之后，他们的膈肌会下降，同时在重力的影响下，胃部会渐渐地转变为垂直状。这才不会轻易地出现呛奶和溢奶的现象。

同时，也是因为宝宝的胃部容量较小，胃壁肌肉和神经发育还不完全成熟，肌张力较低，这些都是造成宝宝在进食后溢奶的原因。

（2）因为宝宝胃部的贲门（近食管处）括约肌发育不如幽门

（近十二指肠处）完善，这才让宝宝的胃部出口较紧，但是胃部的入口则比较宽松。所以，在宝宝平躺时，胃里的食物是很容易逆流回食道，而引起宝宝的溢奶的。

（3）其实，给宝宝的喂食方法的不正确，也是引起宝宝呛奶和溢奶的重要原因之一。给宝宝喂食过多、母亲的乳头凹陷、让宝宝吸空奶瓶或是母乳缺乏乳汁等，让宝宝在进食的同时，吸入了大量的空气，这也是引发宝宝呛奶和溢奶的最主要原因。

（4）当频繁地改变给宝宝喂奶的姿势，也是引起宝宝呛奶和溢奶的原因之一，所以，我们在平时给宝宝喂奶的时候，要保持同一个姿势就可以了，这样有助于宝宝更好地进食。

（5）当宝宝在进食的时候吸进去了大量的空气，是很容易引起他们溢奶的。因为在空气进入了宝宝的胃部之后，由于气体比液体轻，所以位于液体的上方，很容易就会将宝宝胃部的贲门冲开，同时也会将一些液体带出来，这就形成了溢奶。所以，在我们给宝宝喂奶的时候，要让宝宝的嘴尽量地含住整个奶嘴或乳头，不要留有任何的空隙，防止空气进入宝宝的胃里，引起宝宝的溢奶。

爱婴小贴士

年轻的妈妈对于怎样喂养宝宝缺乏一定的经验，但是对宝宝喂食又是头等大事，下面我们就来介绍几种抑制宝宝呛奶和溢奶的好办法吧。

（1）当我们用奶瓶给宝宝喂食的时候，奶嘴开的孔一定要大小

合适，奶嘴部位必须充满了乳汁。如果用母乳给宝宝喂食的话，当母乳的乳头凹陷的情况发生，应当在孕期就及时加以纠正，才不耽误给宝宝的正常喂食。

（2）当宝宝刚刚进食之后，我们要将宝宝轻轻地抱起来，让宝宝的头轻轻地靠在我们的肩膀上，轻拍宝宝的背部，来帮助宝宝排出胃里的空气。

（3）因为宝宝的胃部发育还不算完善，所以，在我们给宝宝喂食之后，应当将宝宝竖着抱一二个小时之后，再将宝宝放到床上，让宝宝的头略微地抬高一些，也可以减轻宝宝溢奶的症状。

（4）其实，宝宝的溢奶多半是由于在进食的时候吸入了大量的空气，所以，我们在给宝宝喂食的时候除了不要留有空隙之外，在给宝宝喂过奶之后，抱起和放下宝宝的动作也一定要轻，活动的幅度也一定要小。不能摇晃得太厉害，否则，很容易造成宝宝的呛奶和溢奶。其实，有少量的溢奶对于宝宝的影响并不大。

（5）实际上，呛奶也是宝宝自我保护的一种形式，要想抑制这种现象的发生，我们在给宝宝喂食的方式一定要正确。

当我们用母乳给宝宝喂食的时候，最好用一只手的拇指和食指轻轻地将乳头夹住，给宝宝喂食，这是为了不让乳头堵住宝宝的鼻孔，同时也是为了防止乳汁流得太快，从而让宝宝呛到。

（6）当宝宝发生了呛奶和溢奶的现象时，如果量多时，极有可能会造成宝宝的气管堵塞，很有可能会引起宝宝的窒息，也许会危及到宝宝的生命，即使量比较少的时候，也有可能会被宝宝吸入肺部，会造成吸入性肺炎，所以，我们一定要谨慎地处理这些紧急的情况。

①当宝宝有轻微的呛奶和溢奶情况出现时，宝宝会自行地调整自己的呼吸和吐咽，不会导致液体被吸入气管，此时，我们只要仔细地观察宝宝的呼吸状况和肤色就可以了。但是当宝宝出现了大量吐奶的情况时，我们可以先将平躺着的宝宝的脸侧向一边，以防被宝宝吐出来的液体逆流回宝宝的喉咙和气管。

②我们可以在手指上缠上手帕、纸巾等，伸到宝宝的嘴里，将宝宝溢出或吐出的东西快速地清理干净，来保持宝宝的呼吸顺畅，再用棉签清理宝宝的鼻孔，将呛到鼻孔中的液体也清理干净。

当宝宝的呼吸不顺畅或是脸色变得暗淡时，就有可能是液体已经进入了他们的呼吸道，此时我们应当马上让宝宝趴在床上，用力地拍打宝宝的后背，大概拍打四五下即可，这样可以帮助宝宝将奶水咳出来。当宝宝的呼吸变得顺畅之后，宝宝可能会哭出声来，这时我们要看看宝宝在哭泣时的呼吸是否正常，来判断宝宝是否无碍。

如果还是没有效果，我们也可以捏宝宝的脚底板，来刺激宝宝，这样可以让他们因为疼痛而哭出来，可以让宝宝吸入更多的氧气。然后，及时地将宝宝送到医院好好地检查。

3. 宝宝不吃奶

情景模拟

苏飞的儿子已经有三个月大了，宝宝的胃口一直都是特别得好，总是吃了睡、睡了吃，所以苏飞的宝宝一直都是白白胖胖的，特别

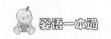

的招人喜欢。可是这段时间，宝宝总是吃一会儿、停一会儿，吃得也没有以前多了。

这天，苏飞带着儿子去散步，碰巧遇到了林霞，林霞的女儿今年已经有两岁了。苏飞觉得林霞的女儿都那么大了，她带孩子一定比自己有经验，于是就赶紧向林霞请教宝宝不吃奶的原因和治愈方法。林霞听了苏飞描述的情况之后说：

"其实，每个宝宝都会有一个厌奶期，一般都是一个星期到一个月的时间。以前我女儿两三个月大的时候，也是有一段时间不太吃奶，我就给她吃米粉，可是宝宝还是不太愿意吃，她也不哭闹。我就特别的害怕会把宝宝给饿坏了，就在奶里面加了一些果汁，用勺子一勺一勺地灌她。哎呀，那时候我真是什么办法都想遍了，可她就是怎么都不愿意吃。这种情况大概持续了有一个月了，我们家宝宝才开始吃奶。后来，我一打听，很多宝宝都会出现这样的情况的。慢慢地就会好了，所以你也先不要着急。其实，三四个月的宝宝也可以吃一些蔬果类的东西了，听说蛋黄对宝宝的肠胃好，你可以给他多吃一些，还有米粉什么的都可以。苏飞，你放心吧，小孩子都是这样的，过几天就会好了。"

听了林霞的话，苏飞心里有了数，毕竟林霞都是过来人了。

解析

可是宝宝不吃奶的原因真的就像林霞说的那样吗？我们来分析总结一下宝宝不愿意吃奶的原因。

（1）厌奶期

其实每个宝宝在 3~6 个月大的时候，都会有厌奶期。但是，妈妈不要以为这是所有宝宝都会出现的症状，就掉以轻心。此时，正是宝宝的成长发育期，一定要保证宝宝的营养。如果宝宝的厌食情况过于严重，应该带宝宝去检查，开一些能够帮助宝宝肠胃蠕动、增加食欲的药。

（2）胀气

宝宝不吃奶也有可能是因为胀气的原因。给宝宝喝豆制品是非常容易造成宝宝胀气的。同时，在给宝宝喂奶的过程中，由于奶瓶的瓶嘴太大，或者是由于给宝宝喂奶的姿势不正确，会让宝宝吸进去很多空气，这些都是造成宝宝胀气的原因。

当宝宝出现胀气的症状时，我们可以给宝宝进行腹部的按摩，可以缓解宝宝的厌食症状。

（3）后天疾病

宝宝生病的时候，是非常有可能造成厌食的。当宝宝患了感冒、肠胃炎，或者宝宝是过敏体质的，都会影响宝宝的胃口。在宝宝生病期间，宝宝的饮食应以清淡为主，当宝宝的病情减轻的时候，宝宝的食欲也就会好起来。

（4）先天疾病

一些宝宝有先天性的心脏病、海洋性贫血等，这些都会引起宝宝的食欲不振。

（5）便秘

事实上，一般用母乳喂养的宝宝是很少会发生食欲不振和便秘的情况的。在给宝宝换奶粉的牌子之后，也会引起宝宝的便秘，所

以当我们在给宝宝更换奶粉牌子的时候，要先给宝宝冲少量的奶粉，如果宝宝没有什么过敏的反应或是出现便秘的时候，我们可以慢慢地给宝宝增加新奶粉的食用量。

（6）心理因素

给宝宝喂食的时间不规律，妈妈强迫宝宝吃奶等现象，都会让宝宝开始排斥吃奶，会引起宝宝的厌食。

爱婴小贴士

如果宝宝有了不吃奶的情况，我们一定要仔细地观察、判断原因是什么，再帮助宝宝解决问题，这样才能保障宝宝的健康成长。

（1）生活饮食

我们一旦发现了宝宝有厌食的倾向之后，可以先采用少食多餐的方式给宝宝喂奶。同时，还要为宝宝营造出一种安静的环境喂奶，最好让宝宝在吃奶的同时能感到愉快。

（2）药物改善

如果宝宝的厌食过于严重，那么妈妈就应该带宝宝去看医生，可以让医生视情况开一些可以帮助宝宝肠胃蠕动、增强食欲的药。

（3）安静状态下喝奶

在宝宝吃奶的时候，任何动静都有可能引起宝宝的好奇，会让宝宝停止吃奶，所以，在我们给宝宝喂奶的时候，最好在一间比较安静的房间里，同时，最好可以将我们的手机、音响等都关掉。

其他的人也不要随意地在宝宝的周围走动。在晚上给宝宝喂奶的时候，最好能够将灯的光线调得柔和一点。这些都是为了能让宝宝在吃奶的时候，能够拥有一个安静的环境，不被打扰。

（4）适量使用辅食

如果宝宝不吃奶的时候，我们可以在宝宝的饮食中添加一些适量的促消化功能奶粉、胡萝卜汁、山楂汁等，来帮助宝宝能够更好地消化。

（5）喝奶前让宝宝安静下来

宝宝在婴幼儿阶段正是处于对这个世界充满好奇的阶段，此时的宝宝开始变得好动。所以，为了更好地让宝宝进食，我们在给宝宝喂奶的前半个小时，就应该让宝宝停止做剧烈运动，也是为了宝宝能够更好地进食。

（6）与宝宝进行眼神的交流

同时，在我们给宝宝喂奶的时候，我们也要放松，因为宝宝可以感知到我们的情绪，所以，我们在给宝宝喂奶的时候，可以用温和的眼神与宝宝进行交流，宝宝也会更加专注地吃奶。

（7）喂奶前一小时不要喝太多水

在给宝宝喂奶的一个小时前，千万不要给宝宝吃其他的东西，也不要给宝宝喝太多的水，是为了不影响宝宝的食欲。

（8）适当的增加宝宝的运动量

让宝宝多多地运动也可以促进他们的消化，可以促进宝宝的食欲，我们平时可以多让宝宝游泳，练习走路，这些都可以增强宝宝的食欲。

（9）注意奶嘴的样式

我们在用奶瓶给宝宝喂奶的时候，一定要注意奶嘴的口径是否

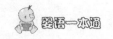

适合宝宝的吸允，如果奶嘴不合适的话，也会影响宝宝的食欲，引起宝宝的厌食情绪。

（10）注意室内的温度

同时，在给宝宝喂奶的时候，室温也一定要刚刚好，如果室温过高或者过低，都会引起宝宝的食欲不振。

4. 宝宝有时吃着奶会用力咬妈妈的乳头

情景模拟

芬妮的儿子已经快 6 个月了，为了儿子更加的强壮，芬妮一直都是坚持用母乳给儿子喂奶的。前段时间芬妮出差了几天，等到她再回来喂儿子吃奶的时候，儿子就总是拼命地咬她的乳头，而且是非常的用力。芬妮的儿子每天晚上都会吃两三次奶，每次儿子都会用力的咬她的乳头，而且咬得很疼，弄得芬妮也休息不好，每天上班也没有精力，下班回去还要照顾儿子。这段时间真是过得苦不堪言。

于是，芬妮就萌发了断奶的念头，可是，因为是热天，她又害怕断奶会影响儿子的健康，并且，现在芬妮的儿子也没有以前吃得多了，所以她也只能是想想而已。

可对于儿子咬乳头这个事，长此以往也不是个办法，于是芬妮就向自己的姐姐去请教，姐姐告诉芬妮，说咬东西是宝宝在长牙过程中的一部分，此时，一定要帮宝宝培养出一个良好的习惯才行，不然，以后宝宝还是会咬的。

解　析

芬妮儿子咬自己乳头的事情，当然是要解决的，如何正确的认识以及处理这件事情，首先要弄明白宝宝咬妈妈的乳头的原因。

（1）我们要明白，在正常情况下，宝宝是不会咬乳头的。一种最为常见的原因就是，宝宝在吃饱了之后会咬妈妈的乳头。所以，妈妈一定要在喂奶的时候注意观察宝宝的一举一动，当宝宝已经快要吃饱的时候，他们会减慢自己的吞咽动作，这时我们就可以试着将乳头拔出来了，防止被宝宝咬伤了。

（2）他们在长牙齿。宝宝长牙的时间一般都是从 5 个月的时候开始的，在长牙的过程中，宝宝会觉得牙龈很痒，非常想用咬东西来缓解这种痒。于是就逮着什么咬什么，所以，妈妈在给宝宝喂奶的时候，当然也就不能幸免了。

在宝宝长牙的过程中，会出现吃得少，消化不好的症状，这些都是正常现象，我们不要太过担心。

（3）给宝宝喂奶时的动作不正确，会让宝宝觉得自己快要掉下去，失去了安全感，这时他们也会通过咬乳头来提醒我们。

（4）宝宝是先天的神经性缺陷，不管他们碰到什么东西，他们都会咬。

（5）鼻塞也可能导致宝宝咬妈妈的乳头。

（6）妈妈的奶水减少也是宝宝咬妈妈乳头的原因之一。

（7）如果我们大多数时间都是用奶瓶给宝宝喂奶的话，偶尔用

母乳喂宝宝的话，也会让宝宝咬妈妈的乳头。

爱婴小贴士

当妈妈发现宝宝在咬乳头的时候，如果反应过激反而会让宝宝觉得特别的好玩，会将这当做是游戏，他们就会变本加厉。还有一些宝宝可能会被妈妈过激的反应给吓着，此时的宝宝会用拒绝吃奶来进行抗议。所以，我们一定耐心来制止宝宝的这种行为。

（1）如果是由于宝宝长牙才引起了他们咬奶头的话，妈妈可以先用吸奶器将奶水给吸出来，放到奶瓶中，用奶瓶来喂宝宝。需要注意的是，如果宝宝没有将奶喝完，一定要将剩下的奶水倒掉，不能留到下次再让宝宝吃。

同时，我们也可以给宝宝买一个奶嘴磨牙器让宝宝咬，当宝宝不再咬乳头的时候，我们也可以让宝宝吃一些比较磨牙的东西。

（2）当宝宝因为长牙而咬乳头的时候，我们千万不要对宝宝大吼大叫，或者是赶快将乳头给拔出来，此时，妈妈最好是将自己的手指塞到宝宝的嘴里，来代替乳头（当然，手一定要干净），会意的告诉宝宝乳头是不可以咬的，要让宝宝慢慢地明白这个道理。

（3）在妈妈被咬的时候，也可以用乳房轻轻地堵住宝宝的鼻子，此时宝宝就会本能地松开嘴了，这样反复几次，可以让宝宝明白他们不能一边咬人一边呼吸，自然而然地，他们就会停止咬东西了。

（4）当妈妈被咬的时候，也可以用手轻轻地按一下宝宝的下巴或是小脸蛋，这样他们也会松口了。

（5）在妈妈奶水不充足的时候，可以买一个乳头套。如果妈妈的乳头被宝宝咬得破裂流血，可以用鱼肝油涂在乳头上就好了。

（6）如果是因为宝宝在吃奶时受到了干扰才咬妈妈的乳头的话，我们可以在一个安静的地方来喂宝宝吃奶。

（7）由于鼻塞的原因，妈妈在喂奶的时候，可以将宝宝的鼻涕擦干净，用熏蒸的方式，帮助宝宝改善鼻塞的症状。

（8）由于经常用奶瓶给宝宝喂奶的原因，我们可以停止使用奶瓶，让宝宝逐步地适应母乳喂奶。

（9）宝宝咬乳头的情况持续了六周以上的时候，我们就应该立刻带宝宝去医院检查，看看宝宝是否有神经性的天生缺陷。

5. 宝宝把奶瓶使劲往外推

情景模拟

这天，几个带着宝宝的妈妈在公园碰到了，因为彼此也比较熟悉，大家就你一句我一句的闲聊了起来。

妈妈甲说："这几天我给我儿子换了一个奶瓶用，嘿，就发现我家宝宝开始不好好地吃奶了，老是把奶瓶往外推。最后，我才发现原来他是不喜欢新奶瓶，给他重新换过来，他才开始好好地吃奶。"

紧接着妈妈乙也说："我也碰到过这种情况，前段时间不是流行

那种吸管奶瓶嘛，我就给我闺女买了一个，谁知道，她老是吸不到嘴里，可又饿，总是急得直哭，最后，只要一用新奶瓶她就哭个不停，还直往外推奶瓶。"

接下来，好几个妈妈多表示遇到过类似的情况，大家在一起七嘴八舌地开始讨论了起来。

解析

我们在给宝宝喂奶的时候，总会碰到他们推奶瓶的情况，情景中妈妈说的只是其中一种情况，其实有很多原因都会使宝宝在吃奶的时候将奶瓶往外推。

（1）有些宝宝会在 5 个月大的时候，忽然变得不喜欢吃奶了，老是往外推奶瓶。此时，妈妈也不要着急，因为很多孩子都会遇到这样的情况。这与宝宝的肝肾功能的发育有关，因为这个时期的宝宝对与奶中蛋白质的吸收会忽然增加，但是肝肾功能相对不足，时间长了，会让宝宝的肝肾出现疲劳期，它们需要适当地休息和调整一下，所以，才会出现推奶瓶的现象。如果此时的宝宝还可以正常地喝水、吃母乳的话，就表明宝宝一切都好。

这时我们可以增加给宝宝喂母乳的次数，还可以给宝宝换换奶水的口味，如：把奶粉冲调稀一点或加一点点米粉等。但是千万不要强迫宝宝进食。

（2）有时在宝宝睡得迷迷糊糊的时候，反而更愿意吃奶，所以我们可以增加宝宝在夜间吃奶的次数，在宝宝正常吃奶之后，再慢慢地减少夜间喂奶的次数，否则，宝宝会很容易就出现龋齿，同时，也会影响宝宝的夜间睡眠质量。

（3）一般宝宝的厌食都会持续一到两周的时间，甚至会更短，在这段时间，宝宝也会出现把奶瓶往外推的现象。

（4）宝宝推奶瓶也可能是因为不喜欢奶嘴的感觉或者味道，当宝宝有口腔疾病或是给宝宝喂奶的方式不正确的情况下，都会造成宝宝推奶瓶。此时我们应该对宝宝进行仔细的观察，找准宝宝不愿意吃奶的真正原因，然后对症下药。或是到医院给宝宝进行全面的检查。

爱婴小贴士

如果宝宝老是推奶瓶的时候，我们有什么更好的办法呢？

（1）在宝宝较小的时候不要给宝宝喝果汁，因为果汁的口感会破坏掉宝宝喜欢喝奶的潜意识。

宝宝稍微大一些的时候，我们可以给宝宝喂一些蔬菜泥、果泥等，来补充宝宝的维生素。在宝宝已经习惯了果汁味道之后，我们可以将少量的果汁加入奶里，然后再慢慢地减少果汁的加入量，让宝宝逐渐适应喝纯奶。

（2）当宝宝5个月大的时候，已经可以吃一些半固体的食物了，我们可以用一些米粉、果泥、肉泥，或是煮的很烂的面条和粥来代替牛奶。只要宝宝没有什么不良的反应，我们也不必坚持和强迫宝宝吃奶。

（3）在宝宝的厌奶期，我们只要保证宝宝的营养跟得上就可以。如果推奶瓶的时间较长的话，我们就应该带宝宝到医院去进行仔细

全面的检查了。

（4）给宝宝换一个更适合的奶嘴，或是在奶瓶上贴一些鲜艳的图片来引起宝宝的兴趣。在给宝宝喂奶的时候，将宝宝抱在怀里，轻轻地抚摸他们的头或者耳朵，来对宝宝进行安抚。

（5）保持宝宝的口腔卫生，给宝宝多饮水，尽量不要给宝宝用刺激性的药物。

（6）一定要经常地对宝宝的奶瓶等进行消毒。

6. 宝宝多汗

情景模拟

李英的宝宝已经有 8 个月大了，由于现在是夏天，所以，她每天都尽量给宝宝多洗几次澡，多擦一些爽身粉。

尽管如此，近段时间，宝宝的身上还是会出很多的汗，无论白天还是晚上，宝宝的汗总会出个不停。李英和丈夫也没有在意，有时候还开玩笑的说我们家出了一个爱出汗的小皇帝。

过了一段时间，宝宝的身上还是会出很多的汗，而这时已经快进入秋天了，李英意识到宝宝的出汗有点不正常，和丈夫进行了分析研究之后，决定带着宝宝到医院去检查。

通过医生的检查，医生却告诉他们说："宝宝很正常，没有什么问题。"

"那为什么会出这么多汗呢？"李英问道。

医生说："一般小儿时期由于代谢旺盛，皮肤含水量大，微血管分布较多，且小儿多活泼好动，故出汗一般比成人多。当然，由于环境温度过高，衣被过厚，剧烈运动等原因，导致多汗是机体调节体温所必需的过程，医学上称生理性多汗。你们家的宝宝就属于这种情况，所以，你们大可以放心了。"

解　析

李英的宝宝多出汗经过医生的检查是正常的，但是有没有不正常的呢，下面我们来罗列一下多出汗的原因。

（1）如情景中医生所说，因为宝宝的新陈代谢较为旺盛，同时宝宝皮肤的含水量也较大，微血管分布比较多。宝宝也比较活泼好动，所以出汗会比成年人多。特别是在夏天气候炎热的时候，宝宝出汗会更多，就连晚上睡觉的时候也会出很多的汗。在冬天的时候，如果宝宝的衣服穿得太厚，或者是被子盖得太厚，这些会引起宝宝出很多的汗。

（2）宝宝患有活动性佝偻病引起的。通常情况下，如果宝宝多汗，同时又缺乏户外活动不晒太阳，没有及时添加鱼肝油、钙粉，此时，宝宝的父母就应该注意了，我们除了观察宝宝出汗多之外，还要看宝宝是否有夜间哭闹、睡在枕头上边哭边摇头而导致后脑勺枕部出现脱发圈（又叫枕秃）、乒乓头（枕骨处骨质变软）、方颅（前额部突起头型呈方盒状）、前囟门大且闭合晚等现象，这些都是活动性佝偻病的表现。如果宝宝有了这些症状，我们就应该带着宝宝到医院去检查一下了。

（3）当宝宝患有小儿活动性结核病的时候也会有多汗的症状。

宝宝不仅在前半夜汗多，到了后半夜天亮前一段时间汗也会比较多。并且还缺乏食欲，中午过后还有低热或高热，面孔潮红，消瘦，有的出现咳嗽、肝脾肿大、淋巴结肿大等症状出现的时候，此时的宝宝极有可能是患了活动性结核病，我们就应该带着宝宝到医院去进行全面的检查了。

（4）低血糖也会引起宝宝的多汗症状。宝宝低血糖的症状往往会出现在夏天，一般症状为出汗多夜间不肯吃饭，清晨醒来精神萎靡不振，宝宝还会有啼哭不止，面色苍白，出冷汗，甚至大汗淋漓，四肢发冷等症状。此时，家长们一定要按照医生的嘱咐帮助宝宝来补充营养了。

（5）小儿内分泌疾病。当宝宝出现多汗、情绪急躁、食欲亢进而体重不增、心慌、心悸，甚至眼球突出等的情况时，有可能是患上了小儿内分泌疾病，这种情况大多数出现在女宝宝的身上，这时要及时去医院检查。

（6）小儿急慢性感染性疾病。这类疾病也是宝宝出汗的原因之一，这时也会出现一些临床表现：如伤寒、败血症、类风湿病、结缔组织病、红斑狼疮或血液病等病，这是我们需要注意的。

（7）患有肥胖症的宝宝也是非常容易出汗的，他们动一动或平时走走路就会出很多的汗。

如果宝宝的生长发育一切正常，排除了上述各种病症，那么就与饮食有直接的关系。现在的家长不再需要担心宝宝的营养不良了，需要担心宝宝的营养过剩，现在的许多宝宝几乎天天都吃高热量的食物，这样非常有可能引起宝宝的营养过剩，导致宝宝一系列不适。

爱婴小贴士

宝宝多汗虽然正常，但是我们也要学习如何减少宝宝的出汗量。

（1）当我们发现宝宝出汗多的时候，首先我们应该寻找宝宝多汗的原因。是生理性多汗的话，我们就不要太过担心了，此时，我们只要除去外界导致宝宝多汗的因素就可以了。在炎热夏季我们需要经常开窗，有条件的情况下用电扇或开空调，但是一定要注意风向，千万不要直接对着宝宝吹，特别是在宝宝熟睡之后，这时宝宝的皮肤毛孔是开放的，如果风直接对着宝宝吹的话，很有可能会引起宝宝的感冒。

（2）时刻注意到宝宝的衣着。其实宝宝只要比大人多穿一件衣服就可以了，这样既可以减少宝宝的出汗量，还可以从小锻炼宝宝抵抗力。在冬天的时候，一些妈妈只要一察觉到宝宝的手冷，就会拼命地给宝宝加衣服，甚至在晚上还会给宝宝盖好几床棉被。这会让宝宝大量的出汗，当宝宝的衣服被汗液弄湿，又没有及时换掉的时候，其实是宝宝在用自己的身体温度捂干湿衣服，这样反易更容易受凉而引起感冒发烧及咳嗽。出汗过于严重的时候，由于他们的体内水分丧失过多，极有可能会引起宝宝脱水的现象。这一点我们需要注意。

（3）适时地给宝宝补充水分，最好的方法就是给宝宝喂淡盐水，因为宝宝也和成年人一样，当他们失去水分的同时，也会失去一定量的钠、氯、钾等电解质。所以我们给宝宝喂淡盐水可以帮助宝宝

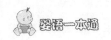

补充水分及钠、氯等盐分，维持体内电解质平衡，可以避免宝宝的脱水。

（4）及时地擦干出汗宝宝的身体。如果条件允许，我们应该给宝宝擦浴或洗澡，并且还要及时地给宝宝更换内衣、内裤。宝宝的皮肤较为娇嫩，所以当过多的汗液积聚在他们的皮肤皱折处如颈部、腋窝、腹股沟等处，可能会导致宝宝的皮肤溃烂并引发皮肤感染。

最后需要注意的是：当我们察觉到宝宝出汗多的时候。应该仔细观察宝宝是否有其他的并发症状，如果有，我们就应该及时地去医院就诊。

7. 宝宝呕吐

情景模拟

卫兰有一个 8 个月大的宝宝，丈夫是一个军人，经常在部队，为了让宝宝将来和爸爸一样有一个强壮的身体，在宝宝 6 个月大的时候，卫兰就开始让宝宝试着吃一些饭食了，听说这样可以提高宝宝的适应性。

这天早上，卫兰给宝宝喂了一些面食，可是吃过饭后，宝宝就一直哭，哭得满头都是汗。卫兰抱着宝宝一直哄个不停，一直快到中午吃饭的时候。婆婆做好饭之后，卫兰在吃的同时，也在尝试着给宝宝喂一些柔软的食物，突然宝宝一下子将早上吃的东西全都给吐了出来。这可把卫兰吓坏了。结果，宝宝吐过之后整个精气神儿似乎好了许多。

所以，在午饭的时候也没太敢给宝宝吃太多的东西，只是喂了一些奶和几块饼干，到下午的时候宝宝开始拉肚子了。卫兰想，是不是早上吃的东西不干净啊！

卫兰开始着急了，她也不知道宝宝到底是怎么回事儿，于是就带着宝宝去看医生。经过检查，得知宝宝得了急性肠胃炎……

解　析

在日常生活中，引起宝宝呕吐的原因有很多，下面咱们来总结一下。

（1）宝宝刚出生没多久，在进食之后大都会吐出少量的食物，这是正常现象，所以我们大可不必担心。这一般是由于宝宝胃的入口处喷门括约肌松弛，出口处幽门括约肌紧张有关，在进入胃内的食物不容易通过出口处紧张的幽门括约肌而造成的。同时我们给宝宝喂奶的方法的不当，会让宝宝吸入大量的空气，也会引起宝宝的呕吐。

（2）消化道感染疾病的症状，也许是由于病毒、有毒物质或是细菌侵袭导致了宝宝得了急性肠胃炎肠套叠、肠梗阻、肝炎、阑尾炎、胰腺炎等病，此时，我们就应该带着宝宝去看医生了。

（3）一种反复发作的顽固性症状，一般在宝宝两到四岁的时候会发生这种反复性呕吐。这种反复性呕吐是与宝宝的体质有很大的关系的，例如上呼吸道感染，情绪波动、疲劳，饮食不节都有可能

引起宝宝的呕吐。

在宝宝呕吐频繁的时候，我们只要给他们暂时的禁食，及时地给宝宝静脉补液来纠正他们体内的紊乱，宝宝的呕吐就可以得到很好的遏制。

（4）宝宝中枢神经系统疾病引起的，由于宝宝的颅内感染、肿瘤或是其他原因引起了颅内压增高的时候，如脑膜炎、脑炎、脑肿瘤等病，都会引发宝宝的呕吐。

（5）中枢神经发育不太完善，宝宝遇到刺激的时候，往往会产生强烈的反应，所以当宝宝的消化道外感染到疾病的时候，如呼吸道感染、败血症等疾病，是很容易引起宝宝的呕吐的。

（6）药物反应。如红霉素很容易引起宝宝胃部的不适和呕吐，患有多动症的宝宝在服用哌醋甲酯的时候，也会出现呕吐的症状。

（7）宝宝在中毒的时候，他们的身体会排斥毒素，也是对自己身体的一种保护，所以会引起宝宝的呕吐。

对于宝宝的呕吐，一定要重视起来。否则很容易引发宝宝的脱水。一般情况下当宝宝出现明显的干渴、嘴唇干裂、眼窝凹陷、皮肤起皱发干等症状的时候，就表明宝宝有脱水的倾向，此时我们就要采取正确的措施，来帮助宝宝了。

爱婴小贴士

几乎每个宝宝都会发生呕吐现象，但是如果处理不好非常容易引发宝宝的脱水、营养不良等现象，所以我们需要注意一定的方法。

（1）注意给宝宝喂食的方法，采取正确的方法给宝宝喂食。在用母乳给宝宝喂奶的时候，我们最好把宝宝抱起来喂，如果非要躺着给宝宝喂奶的时候，可以将宝宝的头抬的稍微高一点。在妈妈给宝宝喂奶之前，一定要用温开水将乳头擦干净，并用四指托起乳房，拇指放在乳晕上，这样可以减慢母乳流出的速度。

在给宝宝喂过奶之后，最好将宝宝直立地抱起来，轻轻地拍打宝宝的后背，帮助宝宝将吞咽的空气排出之后，再将宝宝放在床上，这样宝宝就不会轻易地呕吐了。

如果宝宝特别容易呕吐的话，我们最好在给他们喂过奶之后，将宝宝的床头稍微垫高一些，让宝宝头侧位睡，防止当宝宝呕吐后，发生窒息或引起肺炎事故的发生。

（2）在宝宝呕吐之后，要采取一些措施来防止宝宝的脱水。例如在宝宝呕吐的时候，不要再让宝宝吃那些固体食物，最好用汤汁来代替，例如米汤或是含有糖分的果汁等，每隔几分钟就给宝宝喝一勺。

当宝宝停止呕吐的 8～12 个小时内，喂宝宝吃一些较为温和的食物，例如香蕉、大米和婴儿专用的苹果泥。如果宝宝的月龄稍微大一些的话，我们再喂宝宝吃一些面包等食物。

（3）平时增加营养和体育锻炼，提高宝宝的机体免疫力。给宝宝喂食也要定时定量，不要给宝宝吃一些过于辛辣、熏烤和油腻的食物。

（4）宝宝因为受冷而呕吐，我们可以用藿香正气胶囊来帮助宝宝治疗呕吐；宝宝由于脾胃虚弱而呕吐的话，可以用附子理中丸来

帮助宝宝治疗呕吐。

需要注意的是：给宝宝喂药液的时候，药液不要太热或太冷；对于难喂药的宝宝，可以采用少量多次服用法；在必要的时候，我们可以服一口停一会儿然后再服用。

（5）胃食道逆流导致呕吐现象。此时我们可以将宝宝的头抬高大概15度，保持宝宝的头高脚低，并且还要让宝宝侧卧。也可以帮助宝宝做一些头侧俯卧的练习，大概每隔20分钟一次，一天练两到四次。但是在这期间一定要有人看着宝宝。这样做可以减少宝宝呕吐的次数。

8. 宝宝打嗝

情景模拟

优优是一个活泼又可爱的小家伙，现在已经有3个月大了。优优特别的喜欢笑，可是每当优优笑过之后，紧接着就会马上打嗝，这时如果给小家伙喂点水，优优就会停止打嗝；否则就会一直打嗝，而且会持续很长的时间。

优优平时都是用母乳喂养的，每次等优优吃过奶之后，为了能让优优更好地消化，他的妈妈就会给优优拍拍背，但每次给优优拍过背之后，优优都会一笑，嘴里会流出很多的口水，然后开始打嗝。

这天，优优的奶奶过来看优优，妈妈将优优打嗝的事情告诉了优优的奶奶，让奶奶帮着分析一下到底是怎么回事，要不要紧。奶奶听了之后笑着说：

"不要紧，咱们家小优优是因为笑得太用力了，才会打嗝。"

"那为什么喝过奶之后还会打嗝呢？"优优的妈妈问道。

"至于喝过奶打嗝，是因为你拍了他的后背，把他吸进去的空气给拍出来了，优优才会打嗝，这俗称'拍嗝'，不要紧的！"

这些都是医生在我年轻的时候告诉我的，看来现在也能用上了。

解　析

我们成年人有时候也会打嗝，比如在吃过饭之后，有时候也会不间断的打嗝，有的人说突然的吓一下就好了，不过这是对我们成年人，那么对于宝宝的打嗝我们应该怎样去理解及解决呢？

（1）一般情况下，打嗝常常会在宝宝刚刚喝过奶之后发生，这是因为宝宝常常哭闹、大笑或者吃奶吃得太急，吸了大量的空气到胃里，这才造成了宝宝常常打嗝的现象。

（2）当宝宝的肚子在受寒之后，或者是吃了生冷的东西之后，也会出现打嗝的现象。

（3）由于胃食道逆流及疾病如肺炎，或者是对药物的不良反应造成的。

（4）如果宝宝吃的是奶粉，对牛奶蛋白过敏的宝宝在吃过奶之后，也会打嗝。

（5）宝宝受了什么刺激，造成了宝宝一直处在比较紧张的状态，造成宝宝打嗝。

（6）其实有些妈妈在怀宝宝的头两三个月，通过产前超声波检查就可以看到小宝宝在肚子里打嗝，甚至，一些妈妈还可以感受到

宝宝在肚子里打嗝。所以，通常的情况下，在宝宝刚刚出生的头几个月，打嗝是时常发生的事情，但是在一岁以后就会有很大的改善。

宝宝打嗝是由横膈膜肌肉突然的强力收缩造成的，宝宝不会感觉到有什么不适的，一般情况下也不会影响到宝宝的正常饮食，所以，家长们尽可以放心。可是，一旦宝宝打嗝影响到了他们的正常生活的话，建议家长们带着宝宝到医院仔细地检查一下。

爱婴小贴士

（1）如果是因为胃食道逆流造成了宝宝打嗝的话，我们可以在给宝宝喂过奶之后，让宝宝直立地靠在家长的肩膀上，轻轻地拍打宝宝的后背，来帮助宝宝顺气，切记在半个小时之内，千万不要让宝宝平躺。在宝宝4个月大的时候，我们可以渐渐地给宝宝的奶中添加一些米粉之类的食物，增加奶的黏稠度，这样也可以很好地预防宝宝打嗝。

（2）由于对牛奶蛋白过敏造成的打嗝，我们需要带着宝宝去医院检查，按照医生的指示用特殊配方的奶粉给宝宝吃。

（3）在宝宝比较安静、平和的状态下让他们进食，不要在宝宝过度饥饿或大哭大笑的时候给宝宝喂奶，那样是很容易让宝宝吸进去很多空气的。

（4）在给宝宝喂奶的时候，姿势也一定要正确，喂宝宝的奶不能过冷或过热，速度也不能太快。

（5）宝宝打嗝的情况下，我们可以给宝宝玩具，或者是给宝宝放舒缓的音乐，这些都可以转移、吸引宝宝的注意力，也可以很好地抑制住宝宝打嗝。

（6）在宝宝喝奶的过程中，我们可以让宝宝停止喝奶，休息一下，让宝宝站立在我们的腿上，轻轻地拍打宝宝的后背，这样也可以避免宝宝一直不停地打嗝。

（7）宝宝吃得太多时，让宝宝平躺着，也会造成他们打嗝的。如果我们使用奶瓶给宝宝喂奶，同时奶嘴的孔又开得过大，会让宝宝吸到胃里很多的空气，也会造成宝宝打嗝。所以，在宝宝喝过奶之后，千万不要马上让宝宝躺下，可以把宝宝直立地抱起来，轻轻地拍打他们的后背，或者按摩肚子，都可以帮助宝宝将吸进去的空气排出来，也能抑制宝宝的打嗝现象。

（8）在给宝宝喂食的时候，我们要按照少食多餐的原理。

（9）宝宝打嗝的时候，喂宝宝喝一些温开水，也可以减轻宝宝打嗝的现象。

（10）因为受凉打嗝，我们可以将宝宝抱起来，轻轻地拍打他们的后背，在给宝宝喂一些温开水，用暖和的衣被盖住宝宝的胸腹。

（11）由吃奶太急、太多、太凉造成的打嗝，宝宝的哭也可以抑制宝宝打嗝。

9. 宝宝咳嗽

情景模拟

齐玲的女儿现在6个月大，全家人都把她当宝贝疙瘩一样，全家四口人，爸爸、妈妈、爷爷、奶奶几乎所有的生活都是以宝宝为

主，吃的、穿的、玩的宝宝为重。在全家人的照顾下，小宝贝一直都是很健康。

这天下午，炎热的夏天终于有了一丝的凉风，屋子里比较热，所以齐玲抱着宝宝去小区的草地上乘凉。坐在小区的长椅上，齐玲感觉到很是舒服，过了两个小时后，宝宝突然咳嗽了两三声，齐玲以为是宝宝的嗓子痒，也没有太在意。她拿出随身携带的水瓶，给宝宝喝了一些水，宝宝也不怎么咳嗽了。

到了晚上吃饭的时候，齐玲给宝宝喂饭吃，可宝宝吃得好像并不是很乐意，并且开始不断地咳嗽。这时的齐玲很是着急，马上带宝宝去医院检查。

经过医生仔细的检查，宝宝得了感冒，随后给宝宝开了一些治疗的药物。齐玲想，对宝宝的照顾我们都很细心的，怎么会突然感冒呢，医生在询问了这几天的情况后说：

"宝宝的感冒很可能是由于温差引起的，在你抱着宝宝在外边乘凉的时候，因为室内的温度比较高，而在你抱宝宝出来的时候，室外的温度比较低，而且还伴有风，这种温差对于大人来说没有什么，可是对适应性不是很好的宝宝来说，非常容易引起感冒，所以，下次带宝宝出来的时候，最好给宝宝加一些衣服。"

听了医生的解释，齐玲顿时明白了很多，原来一切都是自己的照顾不当引起的。

 解 析

咳嗽这种现象对于宝宝来说是非常普遍的，其原因也是出于多个方面，有些是宝宝自身的原因，而有些是我们父母照顾不当引起，比如情景中的母亲，忽视了温差对宝宝的影响，而导致了宝宝感冒，致使宝宝不断咳嗽。

宝宝咳嗽是一个不容小觑的问题，我们一定要早发现、早治疗。那么，宝宝的咳嗽都有哪些原因呢？

（1）由于病毒或细菌性的气管、喉咙感染；在宝宝吸入了浓烟或是其他的刺激性的气味、呼吸道进入异物的时候，都会导致宝宝的咳嗽。

（2）有过敏性疾病的宝宝，受支气管哮喘和嗜酸粒细胞性肺浸润的影响，也会经常咳嗽。

（3）宝宝的肺循环有了障碍之后，就会造成肺充血、肺水肿、肺梗塞等疾病，也会造成宝宝咳嗽。

（4）在早上起床之后，轻轻地咳嗽几声，这是正常的生理现象。因为秋冬季节的空气比较干燥，所以，父母应该多给宝宝喝一些温开水，来帮助宝宝补水。

（5）在天气比较冷的时候，如果我们带宝宝突然外出，在冷空气的刺激下，会让宝宝的呼吸道黏膜引起刺激性咳嗽。所以，我们应该经常带宝宝进行户外活动，来提高宝宝的适应力。

（6）感冒引起宝宝的咳嗽，这是一个最为普遍的现象。

（7）当宝宝的呼吸道出现炎症的时候，也会引起感冒，从而导致宝宝咳嗽。此时我们应该尽快的带着宝宝去看医生。

（8）过敏性的咳嗽。比如某种食物、花粉等，当他们在接触了过敏源之后，也会出现咳嗽的症状。

以上这些原因，都可能会引起宝宝的咳嗽，根据宝宝不同的临

床反应及症状，我们应该仔细的分析，做到心里有数，最快的做出合适的措施。

爱婴小贴士

对宝宝咳嗽的原因有了一些了解之后，我们最迫切需要的当然是如何治疗的方法，以及如何在最短的时间内采取最合适的措施，从而减少宝宝的痛苦。除了及时的去医院检查外，我们需要掌握一些治疗宝宝咳嗽的小窍门以及注意的事项。

（1）如果是感冒引起的咳嗽，我们应该多给宝宝喝一些温开水、姜茶等，尽量少让宝宝服用药物。

（2）由于接触了冷空气引起了宝宝的咳嗽，我们要做到预防为主，让宝宝从小就接受气温变化的锻炼。经常带宝宝到户外活动，即使是寒冷季节也应坚持，只有经受过锻炼的呼吸道才能够顶住冷空气刺激。在这个过程中，一定要注意保暖。

（3）流感等其他的感染病，或是由于咽喉炎引起了宝宝的咳嗽，应尽快的带着宝宝到医院进行全面的检查，听从医生的指导来治疗。

（4）接触了过敏源引发了宝宝的咳嗽，这一点我们需要重视起来，及时的治疗，否则，可能会发展为哮喘病。

（5）气管炎引起宝宝的咳嗽，除了根据医生的指示来帮助宝宝进行治疗外。

我们需要了解的是：

①保暖：温度变化，特别是寒冷的刺激可降低支气管黏膜局部的抵抗力，加重支气管炎病情，使宝宝的咳嗽更加的严重，最好避

免让宝宝着凉。

②多喂水：用一些糖水或者盐水进行水分的补充，也可以用一些米汤、蛋汤补水。在饮食上要以半流质为主，这样也可以增加体内的水分。

③翻身拍背：咳嗽必然会产生很多的分泌物，为了让这些分泌物及时的排出，可用雾化吸入剂帮助祛痰，每日 2～3 次，每次 5～20 分钟。除拍背外，还应帮助翻身，每 1～2 小时翻一次身，让宝宝保持半卧位，这样也有利痰液排出。

④保持家庭良好环境：良好的家庭环境对于宝宝很是重要，宝宝居住的地方要温暖、通风和采光良好，空气中保持一定的湿度，防止过分干燥。

⑤在进食之后出现了气喘和沙哑的咳嗽的话，说明宝宝出现了逆流性食道炎。此时，我们应该注意一下给宝宝的正确的喂食方法。

⑥宝宝在睡觉的时候不停地咳嗽，我们应该将宝宝的头部抬高一些，这样宝宝的咳嗽症状就会有所缓解。因为在宝宝平躺着的时候，宝宝鼻腔内的分泌物是很容易回流到喉咙下面的，会加剧宝宝的咳嗽，所以，我们最好在抬高宝宝头部的同时，也要让宝宝左右轮换着侧卧，这样更加有利于分泌物的排出。

需要注意的是，在宝宝处在咳嗽的时期，我们在给宝宝喂奶之后，不要让宝宝马上就睡觉，此时，宝宝会更加容易吐奶。

⑦在宝宝咳嗽比较严重的时候，让宝宝在一个充满了蒸汽的地方待一会儿，这会缓解一下宝宝的咳嗽的症状。

⑧在热水袋中灌满 40℃ 左右的热水，用薄毛巾将热水袋包好，然后放在宝宝的背部靠近肺的位置，这样也可以帮宝宝止咳。

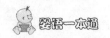

◆婴语小结：吃得好，才能健康成长

其实宝宝的所有不良表现都是有一定的原因的，有些可能是成长中过程中的一些正常现象，但有一些可能是宝宝身体不健康的前兆，或者即将发病时的反应。所以，我们一定要仔细地观察和总结，发现病情及时处理，这样才更加有利于宝宝健康成长。

再次提到"病从口入"，只有宝宝吃得好，才能够健康的成长，而在吃的过程中，我们会发现很多异常的信息，同一个异常信息可能会代表多种意思，比如：宝宝咬妈妈的乳头，不单单只是指宝宝在长牙齿，也有可能是因为宝宝的鼻塞引起的，同时妈妈喂奶姿势的不正确和奶水过少也会引起宝宝咬乳头的。

因此，对于同一种异常信息，我们在接收之后，应该从多个方面进行考察、分析，逐个排除，找出真正的原因，从而想宝宝所想，急宝宝所急。

第六章　面部表情——不同表情这样解

1. 宝宝笑

　　张洋是一个非常爱笑的女孩，结婚后不久就有了一个可爱的宝宝，她一直期待着能够看到宝宝笑的眼睛，但是宝宝都已经两个月了，始终没有笑出声过，她感到很苦恼。

　　虽然她想了很多的方法逗宝宝笑，但宝宝还是笑的很少，有时候只会发出"吱吱呀呀"的声音。

　　张洋有点担忧，心想，是不是宝宝生病了吧。于是她和丈夫一起带宝宝去医院进行检查。

　　经过检查，宝宝一切都很好，对于宝宝为何不会经常性地笑，医生这样说道：

　　"宝宝一般在 2 个月左右会有意识地笑，到 3 个月的时候一般就可以笑出声了。有意识地笑是宝宝开始对这个社会、对父母开始交往和沟通的开始，所以父母应该注意观察宝宝的笑，分清楚哪些笑是宝宝自主发出的，哪些是宝宝真正开心快乐的笑。"

张洋说："我家的宝宝现在还没有发出清楚的声音，这是怎么回事呢？"

医生回答道："通过检查，宝宝的听力和声带没有什么异常症状，一切都很正常，也许宝宝发育的缓慢，像你的宝宝出现的这种情况很正常，有的宝宝一直到 5 个月才会笑出声，所以你不用太担心了。"

听了医生的话，张洋心理踏实了很多。

医生接着说道："其实笑对宝宝的成长发挥着很重要的作用。它不仅有利于宝宝面部肌肉的生长和发育，还有利于宝宝的身心健康，同时能够开发宝宝的智力，促进宝宝健康快乐地成长。"

张洋说道："嗯，那我们以后还应该经常地陪伴宝宝，逗他开心，这样他就会慢慢地与我们进行心灵的交流了。"

医生笑着回答道："是啊，孩子的成长有时候还是要靠做父母的多去引导、去关心啊。"

解 析

笑是开启宝宝人生通道的一把钥匙，是宝宝最可爱、最珍贵的一个面部表情。作为父母应该重视宝宝的笑，使笑容成为宝宝最丰富、最完美的表情。

宝宝长大后的性格形成，很大一部分因素来源于父母最初对他的引导。如同情景中医生所说的：宝宝经常发笑，会让宝宝的身心健康得到一个很好的开发，同时有利于启发大脑，促进生长激素的分泌，保持好的情绪，还有助于开发智力，对宝宝乐观活泼精神态度的塑造有重要的影响。

宝宝的笑分为以下几个阶段：

第一个阶段，宝宝在 6~8 周时。这一阶段宝宝的笑有两种笑，一种是很单纯的笑容，仅仅是小嘴咧开；另一种是有意识的很开心的笑容，这个笑容是对父母爱抚的真实内心反应。

第二个阶段，宝宝在 2~3 个月时。这个时候宝宝已经会辨认一些人，特别是天天照顾自己的爸爸妈妈。面对这些熟悉的面孔，他们已不仅仅是嘴角上扬，小嘴咧开，而是会张大嘴巴，耸起双颊，笑得非常开心。

第三个阶段，宝宝在 3~6 个月的时候，这个时候的宝宝已经会发出咯咯的笑声了。并且已经成为一个很经常和习惯性的动作了。会随着别人的引导和指引做出一些动作，开心地笑起来。

第四个阶段，一周岁左右的宝宝，他会主动地捕捉别人的笑容，会表达自己的需求了，他还会用一些手势去和自己的表情做配合。这个时候笑容已经成为宝宝最可爱、最美丽的表情诠释。

对于宝宝笑的这个问题，妈妈除了应该明白不同阶段宝宝笑的不同情况，还应该多注意观察那些在一定阶段不会笑、也不会发出笑声的宝宝。看看他的听力和声带是否正常，是否有一些智力方面的问题，可以到医院进行检查做治疗，给宝宝的成长增加一点关怀。

🍃 爱婴小贴士

既然笑对宝宝的成长和发育有如此重要的作用，妈妈应该在生活中多多引导宝宝去笑，确保宝宝能够在一个开心阳光的环境下健

康成长。

其中，最重要的就是妈妈应该多去逗宝宝笑，逗宝宝笑的方法有哪些呢？

（1）与宝宝玩捉迷藏的游戏，俗称"捉猫猫"，这样很容易激发宝宝的好奇心，从而使宝宝很开心地笑。

（2）做一些很夸张又很天真搞笑的动作或者表情，宝宝会被你的神奇百变逗得咯咯笑。

（3）用玩具去和宝宝玩，装着和宝宝抢夺玩具，往往会让宝宝很兴奋。

（4）假装要吃宝宝的手指，据观察和统计，宝宝一般都很喜欢父母去咬他们的手指，甚至去拉宝宝的小脚，或者亲切地抚摸他们的脸蛋。

（5）宝宝的开心与否，关键还是来自父母无声的关爱和陪伴。所以父母应该放下手中的工作，多抽一些时间陪自己的宝宝玩耍，多抱抱自己的宝宝。使宝宝不再是孤独地和玩具一起玩耍。

只要父母能够从细节处关心和爱护自己的宝宝，宝宝一定会绽放最美丽最可爱的笑容，健康地长大，从而开始自己的美丽人生。

2. 宝宝一直抿嘴

情景模拟

艾丽是一个非常细心的妈妈，她很珍爱自己的小宝宝，目前宝宝已经 4 个多月了，但是最近她发现一个现象：

她发现自己的小宝宝不管是在睡觉的时候，还是在醒着的时候，总是抿着嘴，把自己的下嘴唇深深地吸在里面。尽管这样看起来宝宝非常可爱，但是艾丽害怕这是一个不好的习惯，最终会影响宝宝的唇形，于是就在网上寻找各种答案，但是没有找到合适的答案。

艾丽只好去医院寻求解答。

艾丽对医生说道："我发现宝宝最近经常会抿嘴，这是什么原因呢？有没有什么坏处呢？"

医生给宝宝简单地看了一下，问道："宝宝是不是已经有 4 个月了？"

艾丽回答道："是啊，还差 10 天就快 5 个月了。"

医生笑着说："没什么大事，一般这个阶段的孩子都是正长牙的时候，所以经常会抿嘴。主要是想通过抿嘴或者咬东西缓解不适。"

艾丽说道："我看他就是快长牙了，那怎样才能不让他老是抿嘴呢，我怕他长此以往会形成习惯，要是嘴巴变形了怎么办？"

医生说道："其实也不用太在意，等过了这个阶段，他自然而然地就不会再抿嘴了。如果怕他把自己的嘴唇弄破的话，可以多陪陪他，转移他的注意力，不能强硬地制止孩子。另外可以在他的嘴里放一个磨牙棒减轻牙龈的不适感。"

艾丽说道："这个办法好，回去我试一试。"

……

艾丽回到家，按照医生的指示，慢慢地对宝宝加以引导，一方面减轻了宝宝牙齿生长的不适感；另一方面还转移了宝宝经常性地

抿嘴，效果果然不错。

解　析

艾丽对宝宝抿嘴现象的及时发现和预防，是妈妈对宝宝面部表情解读的一个典型例子。从宝宝的抿嘴中，可以看出他开始长牙的一些迹象，这对于缓解宝宝牙龈痒和养成宝宝一个好的习惯是一个很好的办法。

对于宝宝抿嘴的这一现象除了故事中提到的长牙的原因外，还有以下几个方面：

（1）宝宝的一种无意识动作，由于宝宝太小，也不会玩其他东西，是他自娱自乐的一种表现，也是身体的一种本能反应。

（2）身体缺钙的表现。随着宝宝身体的长大，所需要的营养也随之增加，缺钙也有可能引起宝宝的抿嘴，我们平时应该注意给宝宝补钙，以达到宝宝所需要的营养指数。

（3）不同年龄段引起的抿嘴，这是一种正常的现象，我们不用过度担忧。

爱婴小贴士

妈妈应该熟知宝宝每个阶段所具有的一些行为特征，进而判断宝宝为什么会出现这种情况。假如是一种不好的习惯，应该加以制止，假如是一种正常的必经阶段也不要过度担心。

对于宝宝抿嘴这一现象，一般从宝宝两个月的时候会开始出现。在三四个月的时候会比较频繁。因为这是宝宝开始长乳牙的时候，这个时候我们可以采取的方式有：

（1）用磨牙棒或者磨牙饼干作为宝宝促进牙齿生长、缓解不适的武器。

（2）同时也善于用玩具，或者多陪陪宝宝，和宝宝一起玩耍，从而分散宝宝抿嘴的注意力。

（3）用一个干净的小纱布，把它缠在自己的食指上，洒上温水，轻轻地擦洗宝宝的口腔进而减轻牙龈的不适感。

3. 宝宝皱眉

情景模拟

芊芊的宝宝现在有 7 个月了，芊芊发现宝宝有一个皱眉头的习惯，不管是在睡觉的时候还是在抱着的时候，总会有意无意地皱起眉头。

芊芊心里想，小小年纪竟然这么爱皱眉，于是她想当然的在宝宝睡觉的时候用手指轻轻的按摩宝宝的眉毛，但是根本无济于事。

对于这个问题，芊芊感到很苦恼，不知道该怎么办。

刚好有一天，芊芊的嫂子来自己家探亲，芊芊便趁机向自己的嫂子讨教。

芊芊问道："嫂子，小侄子当时像我们家宝宝这么大的时候，有没有经常皱眉的习惯呢？你看，我们家宝宝怎么老是皱眉头呢？"

嫂子回答道："皱眉是很正常的事情，大人还皱眉呢，何况是小孩子呢！"

芊芊急了，连忙辩驳道："大人会皱眉是因为大人有烦恼，你说这么小的宝宝会有什么烦恼呢，会不会有什么问题呢？"

嫂子笑道："呵呵，看把你急的，你小侄子当时跟宝宝是一个样的，这好似因为宝宝眉毛附近的神经还没有完全发育完整，呼吸的时候就会伴随着皱眉。一旦他发育完好了，眉毛就自然而然地舒展开了。"

芊芊很担心地说道："不会留下什么后遗症吧，要是以后形成习惯了怎么办？"

嫂子回答道："不会，你平时多注意一点，多逗他玩一玩，宝宝开心的时候多了，眉头就皱不起来了。"

芊芊听了，觉得嫂子说得很有道理，于是也不再那么担心了，开始关注怎样去逗宝宝开心。

解 析

皱眉在人们的意识中，只有当人有烦恼时才会出现这种动作，所以，很多大人对宝宝皱眉头的行为一直很不理解。其实这是宝宝成长过程中的一个重要和必然阶段。

宝宝出现皱眉的原因主要有以下几种：

（1）光线太强，宝宝无法适应如此强烈的光线于是会皱起眉头。

（2）有些宝宝是由于患有先天性的远视眼，视力较弱，看东西不清楚，所以会一直不断地皱眉头，以此来集中自己的视力。

（3）当宝宝睡觉的时候皱眉还有一个原因就是宝宝做了噩梦，受到了惊吓，心情不好。

（4）宝宝在一定的年龄段会有不同程度的感情和思想。当宝宝心情不好、烦躁时会不断地皱眉，这个时候妈妈就应该关心宝宝，帮助宝宝度过烦躁期。

（5）当宝宝身体有某种疾病的时候，由于无法用语言来表达，只好自己忍受，那么皱眉其实就是一个很明显的征兆。

爱婴小贴士

对于宝宝总是喜欢皱眉的现象，我们应该多注意观察，需要注意以下几个方面：

（1）要保持宝宝心情开朗和快乐，父母可以经常多陪伴宝宝，和宝宝一起玩耍，逗宝宝开心。

（2）假如皱眉情况比较严重，就应该带宝宝到医院进行检查，检查一下微量元素的构成，了解宝宝身体内缺乏什么。

（3）保证宝宝有一个好的睡眠环境，使宝宝得到充足的睡眠。

（4）尽量不要让幼小的宝宝看电视，长时间看电视会让宝宝眼睛疲劳，从而使宝宝的眉头锁得更紧。

4. 宝宝一直眨眼

情景模拟

刘芳生完孩子后，休息了没多久就直接上班了，平常主要由婆婆帮忙带孩子。目前宝宝已经快 5 个月了，最近刘芳去外地出差，

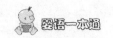

照顾宝宝的事情就全部落在了婆婆的身上。

出差将近持续了一个星期，由于一直牵挂着自己的宝宝，刘芳一下飞机就赶回家。回到家迫不及待地抱着宝宝。

和宝宝亲近了好一会儿，刘芳发现宝宝好像跟以前有一点不同。于是就问婆婆："妈，我不在家的这几天，宝宝有什么不一样的变化没有啊？"

婆婆回答道："没有啊，他吃得好，睡得好，能有什么毛病啊！"

刘芳观察了宝宝半天，终于发现了不一样的地方，原来宝宝一直在不停地眨眼。

刘芳说道："妈，你快看，宝宝一直在眨眼呢，不会有啥毛病吧？"

婆婆看了看宝宝，说道："这有什么大惊小怪的，不就是眨眼吗，他爸爸小时候眨的比他还厉害呢。小孩子这样很正常，过一阵子就会好了。"

刘芳听了婆婆的话，觉得她比自己有经验，也就没有把宝宝一直眨眼的事情太放在心上。

转眼间一个多月过去了，刘芳发现宝宝眨眼的频率丝毫没有改变，于是不由自主地开始担心了。她决定带宝宝到医院去做一下眼部检查。

到了医院，刘芳在眼科给宝宝做了一个检查，令她吃惊不已的是宝宝一直眨眼的原因竟是因为宝宝是远视眼。

这下可急坏了刘芳，急忙问医生："那么该怎样治疗呢？"

医生说道："现在宝宝还太小，我给开一点药，等他稍微长大一点的话，可以通过配戴眼镜矫正。"

刘芳对于这个结果很苦闷，这么小的孩子怎么会得远视呢，现在说啥都已经晚了，最为重要的就是矫正孩子的眼睛。

💛 解　析

宝宝一直眨眼，有时并不是单纯地眨眼现象，有可能是其他症状的一种暗示。就像故事中的刘芳，面对宝宝一直眨眼的现象，刚开始没有重视，最后经过医生的检查，才确认宝宝竟然是患了远视眼。

（1）对于宝宝的眨眼，可以分为两种

第一是正常的生理活动。眨眼只是对眼部保护的一种反射性行为。这是一种正常的情况。

第二是一种病理性活动。这个时候的眨眼频率较快，无意地或者是一种强迫性的眨眼，这种情况往往是因为患上了一些眼科疾病。我们应该认识到眨眼背后暗含的各种秘密，进而保护宝宝免受疾病的侵袭。

（2）宝宝一直眨眼的现象主要有以下几种原因和危害

①眼部疲劳所致。主要是因为宝宝患有近视、远视、屈光不正等原因造成的，所以会一直不停地眨眼来缓解眼部的不适。

②倒睫。主要是针对那些比较肥胖的宝宝，由于脸部胖胖的，所以使下眼睫毛向内卷入，容易摩擦眼球，致使眼睛会不舒服，甚至流泪。

③一些炎症的刺激。主要是一些宝宝容易受细菌和病毒的感染，患上结膜炎和角膜炎。

④神经性眨眼。主要是因为支配宝宝眼部肌肉和神经纤维受到了强烈刺激，频繁收缩造成的。

⑤这种现象可以折射出宝宝的肝部有问题，需要对肝部进行清理。

⑥习惯性眨眼，长期形成的习惯。

⑦抽动症的一种表现。

⑧瞬目症。这是一种疾病，主要是因为眼部活动过于频繁，多伴有一些眼科疾病，比如角膜炎、结膜炎或者寄生虫病等。这个时候需要结合医生的建议和检查综合治疗。

爱婴小贴士

对于以上出现的几种情况，妈妈应该做好防范和补救措施，使宝宝远离眼科疾病，拥有一双健康明亮的漂亮眼睛。具体可以从以下几个方面做起：

（1）保持宝宝的手部和眼部卫生。因为宝宝很容易用自己的手去揉搓自己的眼睛，一旦手不干净就会把一些病菌带进了眼睛，使眼睛受到感染，很容易患上结膜炎、角膜炎。

（2）防止宝宝眼睛疲劳，保证宝宝有一个很好的睡眠条件。

（3）屋内的光线要适中，屋内的光线不能过于强烈或者微弱，尤其是晚上。否则宝宝的眼部调节就会出现偏差，给眼部造成一定的负担和压力。

（4）不要经常性地用药物治疗，婴儿本身的免疫力和抵抗力就低，再加上药物的副作用比较大，所以很容易引起宝宝的不良反应。

5. 宝宝小脸涨红

　　静鸽几个月前刚刚拥有了一个可爱的宝宝。她对宝宝那可是百加爱护，生怕宝宝受一点苦。但是最近她发现一个问题，宝宝的脸一直涨红着，不像以前那样白净了，这下可急坏了静鸽。

　　宝宝生病，当然刻不容缓，静鸽连忙把宝宝带到医院去做检查，医生进行了初步的检查后，问道："宝宝最近除了脸部涨红，还有其他什么异样的状况没有？"

　　静鸽想了想，回答道："好像拉便便的次数没有以前规律了，次数少了。还有就是经常放屁屁，并且拉便便的时候脸比现在还要涨红，并且有点发紫。"

　　医生说道："这是存食引起的。"

　　静鸽很疑惑地问道："什么是存食啊？"

　　医生回答道："就是你给宝宝吃了太多的食物，不消化都积压到宝宝的肚子里了。"

　　静鸽听了恍然大悟，连忙说道："估计就是这个原因，以前他每天都拉好多次呢，这两天他都拉不出来。都怪我让他吃得太多了，完全没有顾及他的消化和吸收能力。那该怎么办呢？"

　　医生说道："这需要先饮食调理，不能让宝宝吃太多的东西，做到适量适时，同时还要学会按照中医的方法，捏宝宝的某些部位，

同时加上一些药物辅助，促进消化。对于你们宝宝来说，只要以后注意别给他吃太多东西就行。我给开一些健胃消食的药片，回去吃两天就好了。"

在医生的建议下，静鸽给宝宝做了饮食调理和药片服用，过了几天，宝宝渐渐地开始恢复以前的样子了，静鸽长长的舒了一口气。

从这次经历中，静鸽深刻地吸取了教训，一定要定时定量地给宝宝进食，不能不顾宝宝是否能够消化，盲目的给宝宝喂东西吃。并且也学会了从宝宝的脸部表情看宝宝出现的不良现象。

解　析

一般情况下，由于宝宝皮肤表面的角质层比较稀薄和脆弱。面部的皮肤更加细嫩，其中毛细血管特别丰富，更加容易导致脸部涨红。这实属正常现象，妈妈不必太在意，随着宝宝的成长，皮肤的免疫力会不断提高，这种现象就会渐渐消失。

但是除了这种正常现象外，宝宝脸部涨红还有可能是其他不正常原因引起的，如情景中的宝宝。主要有以下几种：

（1）由于缺水。宝宝在生长阶段对水的需求量很大，一旦体内缺水就会出现脸部发红现象，特别是在干燥的天气。

（2）温度太高。有的妈妈总是怕宝宝挨冻，所以会给宝宝穿很多衣服，殊不知宝宝体内的热量原本就很大，再加上宝宝喜爱动和玩耍，这样容易使宝宝浑身散发热量，引发脸部涨红。

（3）宝宝上火。就是平时父母说的"心热"，主要是体内的一种炎症。最主要原因是因为吃了一些热量过大的东西。或者室内温度过高，空气不畅通。

（4）风吹日晒引起的脸涨红。宝宝脸部皮肤很脆弱，在太阳下暴晒、被大风吹都会引起涨红。假如是在冬季还会引起龟裂的现象。

（5）存食现象。主要是因为妈妈给宝宝喂的食物太多，引起宝宝肠胃不消化，出现了胀气，便便不通。

（6）尿急。宝宝在尿急的时候也会出现这种满脸涨红的现象，这种现象多出现在年龄稍大的宝宝身上。

（7）痱子、湿疹等一些皮肤病也会引起脸部涨红。

（8）宝宝感冒发烧的前兆。对于这种情况，首先用体温计量宝宝体温，如有发烧应尽快上医院检查。

爱婴小贴士

针对以上引起宝宝脸部张红的不同原因，妈妈应该从下面几个方面做起：

（1）注意给宝宝补充适量的水分，特别是在宝宝睡觉醒来后，同时要注意宝宝尿床。这是因为宝宝在睡觉的时候，身体往往会散发热量，蒸发一部分水分，特别是在干燥的春季。

（2）不要给宝宝吃过量的食物，应该做到适量适时。因为宝宝的消化系统是很微弱的，一旦过量就会引起肠胃不消化。

（3）对于宝宝内热的症状，给宝宝吃一些去火、消炎、清热解毒的儿童药品。

（4）注意宝宝的穿衣不能过多也不能过少，预防感冒发烧引起的脸部涨红。

（5）冬季宝宝的脸部因为被大风吹裂，很粗糙时，应该加强宝宝脸部的护理。可以给宝宝涂抹一些儿童脸部护理霜。

（6）如果脸部出现大片的红状，而无法判断其症状时，应该及时地将宝宝带往医院进行检查。

6. 宝宝流口水、吐口水，是在玩还是……

情景模拟

一个晴朗的周末，艳红把宝宝放进婴儿车里，推着到公园去散步。到了公园看到有许多妈妈要么抱着宝宝，要么推着宝宝，都坐在一个长廊下面闲聊，于是她也走过去了。

艳红走过去一听，原来是妈妈在交流照顾宝宝的经验。只见一个妈妈抱着自己的宝宝，说道："不知道为什么，我们家宝宝经常流口水啊？"

一个妈妈回答道："就是啊，我发现我们家的宝宝也有这种情况，刚开始还不明显，现在流得越来越厉害了。"

另外一个抱着宝宝的妈妈说道："这个属于正常现象，我们家宝宝在 5 个月左右时候，也这样。听医生说主要是因为宝宝都开始长乳牙了，小牙顶着牙龈开始向外生长，会刺激牙龈的神经组织，所以就刺激口腔里口水的分泌了。"

那两个妈妈听了点了点头表示认可。其中一个妈妈又问道："难道就没有方法可以解决吗？"

这时，艳红有经验地回答道："这个可以防治的啊，但是你需要根据具体的情况具体分析。刚才那位姐姐说的是一种情况，是宝宝流口水最为常见的一种现象，只要你在平时多注意宝宝的口腔卫生，用磨牙棒或者磨牙饼干就可以减轻症状了。但是千万可别忽视了较为严重的另外一种现象，那就是口腔溃疡，有的宝宝刚开始流口水表现不太明显，但是不注意卫生的话，时间一长就容易引发口腔炎，像口腔溃疡等。这个时候就严重了。所以我们应该给宝宝擦口水，防止口腔或者脖颈上的皮肤感染。"

有一个妈妈惊讶地问道："你怎么会知道这么多啊！"

艳红微笑着说："因为我们家孩子以前就有过这种现象，我专门做过研究呢。"

大家听了七嘴八舌地向艳红问起了各种问题。

解 析

宝宝流口水主要是因为两个原因，一个是正常的生理现象。主要是因为宝宝随着不断地长大，特别是在 4 个月后，吃的食物量增加，加上乳牙开始生长出来。这个时候开始咀嚼东西，牙龈受到刺激，对唾液腺的刺激也开始加剧。所以口腔中会分泌出大量的唾液，但是又不能全部咽下去，于是就顺着嘴角流了出来。对于这种情况，父母不用紧张，随着口腔的发育，渐渐地都会终止这种流口水现象。

还有一个就是病理原因，主要有以下几种以及危害：

（1）流口水过多，宝宝有可能患上了口腔炎。口腔炎的种类有很多，有舌头发炎的，也有牙龈发炎的。这个时候宝宝的口水是呈

现淡红色和淡黄色的，甚至还有一些怪异的气味。并且宝宝还有发烧的迹象，呼吸急促、厌食等。这种情况下父母应该尽早将宝宝带到医院检查。

（2）宝宝经常会玩耍一些玩具，并将玩具放进口中，不干净或者带有细菌的脏玩具容易引起宝宝口腔发炎。

（3）一些经常喝奶粉的宝宝会不由自主地啃咬橡皮奶头，或者吃手指，这样就容易感染口腔，刺激口腔，形成口腔溃疡。

（4）宝宝流口水过多，会流到嘴角、颈部以及其他部位的皮肤上。而宝宝的皮肤一般比较嫩、脆弱，所以很容易腐蚀皮肤表层的角质层，从而引起皮肤红肿、湿疹等皮肤病，给宝宝造成一定的痛苦。

（5）宝宝若口水流的太多，会将胸前的衣服弄湿，给人一种不干净的感觉，从而不愿亲近宝宝。

爱婴小贴士

对于流口水产生的原因和危害，父母应该在平时的生活中多加关注，不要使宝宝成为一个"口水孩"。

（1）给宝宝准备柔软干净的毛巾或者手绢，当口水流出来时，及时地将口水擦去。擦时应该做到动作轻轻地、温柔地。粗暴地擦口水容易使宝宝感到疼痛。一旦出现发红的现象，应及时地给宝宝涂抹一些婴儿护肤膏。

（2）在宝宝的脖子上戴一个围脖，使宝宝的脖子下面保持干燥整洁。

（3）当宝宝开始长乳牙的时候，宝宝的牙龈会感到胀痛发痒，口水会特别多，我们应该给宝宝准备磨牙棒或者磨牙饼干，促使乳牙的快速增长，减少流口水的现象。

（4）加强宝宝的口腔卫生保护，一旦出现口腔溃疡，应该及时地服用一些药粉，或者用硼酸水清洗，涂抹一些药膏等进行消炎。严重的情况下，及时去医院进行救治。

（5）在宝宝的饮食上，应该注意不要吃寒性太强的东西，特别是从冰箱内取出来的东西。

（6）妈妈应该经常性地给宝宝换洗枕头罩，手帕，毛巾，被褥，奶嘴，最好用热水烫一下，消毒，舒适又卫生。

（7）这里有几个防治宝宝流口水的方法，妈妈可以借鉴一下：

红豆100g，鲤鱼500g，红豆需要经过水煮，把两者混合，同时放入些许黄酒，用小火炖煮，直到被煮烂，然后盛出被熬出来的汤汁。将这些汤汁分3次供宝宝喝，连续服用7天，需要注意的是必须是在空腹的情况下饮用。

新鲜的茨菇30g，藕粉3g，并放入适量的冰糖，可以放在稀饭中煮。连续服用7天，每天服用2次。

山楂20g，薏米仁100g，小火慢煮1个小时，一天服用3次汤汁，连续服用7天，空腹。

新鲜的茨菇30g，山药粉20g，并将茨菇捣碎，放入适量的红糖，用开水将它们搅拌成糊状，然后再进煮。连续服用4天，每日2次。

以上做法，宝宝的流口水现象也许不会完全终止，但是会有所

缓解。

7. 宝宝目光不专注，喜欢东看西看

情景模拟

李兰在去年终于实现了做妈妈的愿望。生了一个小女孩，目前已经快 6 个月了。

最近一段时间，李兰发现宝宝老是注意力不集中，喜欢东张西望，很不专注。李兰看到这种现象是急在心里，但又无可奈何。

一天，李兰推着宝宝到小区外面的草坪上散步，碰见了与自己同一小区的张妈妈也推着宝宝在玩耍，于是就和她攀谈起来了。

李兰主动问道："你家宝宝几个月了？"

张妈妈回答道："还有几天就满 7 个月了。"

李兰微笑着说道："那你家宝宝长大肯定是一个运动的好苗子，你看他的个子多高啊。"

张妈妈笑笑说道："呵呵，你家宝宝个子其实也不低啊，应该有 5 个月了吧？"

李兰回答道："是啊，再过几天就 6 个月了。"

两人于是就孩子的问题开始闲聊起来。

李兰问道："你家宝宝有没有这种现象，老是注意力不集中，喜欢东看西看的呢？"

张妈妈回答道："有啊，特别是吃奶的时候，只要一听见响声，就扭动着身子不再吃了。"

李兰深有体会地说道："我家宝宝也是这样，发现她对什么东西都是3分钟热度，一会儿就没有热情了，不知道这有没有问题。"

张妈妈说："没事，我前几天刚去医院问过，一点问题也没有。"

李兰不放心地问道："那医生是怎么说的?"

张妈妈回答道："医生说这个时期的宝宝存在注意力不集中、东张西望的现象实属正常，主要是因为宝宝对周围的新鲜事物开始有兴趣了，所以会有强烈的好奇心去探知和倾听。"

李兰说："那就是说这是孩子必经的一个阶段了，渐渐地就会恢复注意力专注的状态了吧。"

张妈妈说道："当然，这是对于眼部正常的婴儿来说的，不过也不尽然，也许有的宝宝患有多动症呢?"

李兰说道："你这么一说，我觉得我还是带宝宝到医院眼科检查一下吧，这样我才能放心。"

第二天，李兰带宝宝到医院进行了检查，结果显示，她的宝宝一切正常，这下李兰才算是将心口的那块石头完全放下来了。

解　析

如情景中张妈妈所说的，李兰宝宝的这种注意力不专注、喜欢东张西望的行为是一种正常现象。因为这个时期宝宝的大脑，视觉，触觉和听觉都相应地发育到一定程度，开始了全面感知和探索世界的阶段。所以会对周围的新奇事物充满新鲜感和好奇心，注意力很容易被周围的人和事所影响、所感染，出现不专注的样子。

这种状况下的宝宝，妈妈无须过度担心和忧虑。当然，还有一

些其他的异常现象，所以妈妈应该在宝宝满月的时候，到医院对宝宝进行一个全面的检查，确保宝宝全面发展良好。从宝宝自身来说，出现这种注意力不专注的现象，主要有以下几个方面的原因：

（1）宝宝睡眠质量不高，没有一个稳定的、规律的休息时刻表，所以容易引起眼神涣散，无精打采，注意力不集中的现象。

（2）宝宝对于妈妈给的东西不感兴趣、不喜欢，所以会四处张望，实际上是在寻找一些感兴趣的东西。

（3）心情很亢奋，喜欢看其他地方。特别是对那些吸引自己眼球的东西特别感兴趣。

（4）宝宝一个人很无聊，甚至心情烦躁，四处张望发泄自己的情绪。

爱婴小贴士

对于宝宝注意力不专注，喜欢东看西看的现象，妈妈在拥有一颗平常心的同时，也应该从细节中分析其中的原因，使宝宝在快乐的氛围中健康成长。

（1）在吃奶的时候宝宝注意力不集中，影响吃奶，妈妈应该多用那些新奇的、颜色鲜亮的东西转移宝宝的注意力，使宝宝尽快地进食。

（2）保证宝宝有一个安全高质量的睡眠，睡眠对宝宝的成长有很重要的作用，妈妈应该让宝宝有充足和规律的睡眠。

（3）积极引导宝宝，学会全面地开发宝宝的智力，使宝宝的注意力和专注力不断增强，全面提升宝宝的视觉、触觉和听觉。

（4）当宝宝对某件事情很感兴趣时，不要强迫地去打扰和打断宝宝，应该从细节中探知宝宝的心理秘密和兴趣所在。

（5）多带宝宝到室外，或者大自然中散步，让宝宝的眼界逐步地开阔起来，满足宝宝的探知欲望。

总之，妈妈应该从一些细节中观察宝宝的一些行为，通过分析，适当地加以引导，使宝宝的注意力在激发兴趣的同时，随着年龄的增长更加专注。

8. 妈妈说话时，宝宝目光集中，嘴唇不断蠕动

情景模拟

江珊的宝宝已经5个多月了，看着邻居的小朋友都已经开始开口说话了，但是自己的宝宝还没有一点动静，江珊开始着急了。最近江珊发现，每当自己与别人说话或者逗宝宝说话时，宝宝都会目不转睛地看着自己，并且小嘴巴蠕动着，好像也要急着说话似的。

江珊看到这种情况，觉得可能是因为宝宝对自己说话开始感兴趣了，也要和自己说话，并且也开始模仿自己了吧。江珊非常的高兴，她开始热切地期盼着宝宝能够快速地开口说话。

一天，江珊抱着宝宝到自己曾经的同事家玩，发现同事家的宝宝会开口喊"爸爸"、"妈妈"了。

于是就对同事说："你们家宝宝真聪明，我们家宝宝在我说话时，一直特别专注地看着我，她是不是对我说话特别感兴趣，也要开始说话了呢？"

同事回答道："是啊，我们家宝宝当时也是这样，只要我一张嘴，她的目光就没有转移过，并且自己的小嘴还轻轻地一张一合，不停地蠕动着。"

江珊心想：原来自己的猜测是对的。

不禁问道："有什么办法能快速地让她开口说话呢?"

同事说："这个急不得，需要慢慢来，宝宝需要一个模仿和适应的过程，到时候自然而然地就可以说话了。"

江珊说："看来模仿也是宝宝成长中一个重要阶段，我得通过与她多说话，提高她的语言表达能力了。"

同事接着说道："有道理，你以后多和宝宝说说话，即便她听不懂，也会有所反应的，慢慢地她就可以理解你的意思的，小孩子都是很有灵性的。"

……

解　析

当宝宝开始非常关注妈妈说话的动作和神情，小嘴巴不停地蠕动时，通常情况下，这说明宝宝已经开始模仿大人说话，进入了语言表达的第一个阶段。在这个时候，是宝宝语言成型的一个很重要阶段，在宝宝目光集中看着我们说话的时候，我们说的每一句话都会反射到宝宝的脑海里。

这个时候到宝宝开始说话的这段时间，是对宝宝语言表达能力培养的一个重要阶段，对宝宝的成长起着重要的作用。

刚开始，宝宝只是很好奇地观察妈妈的嘴巴动作，并试图发出与母亲同样的声音。随着声带的发育慢慢成型，宝宝就会开始发出吱吱呀呀的声音。在长时间语言的影响下，宝宝就会开始说一些简短的话，比如："爸爸"、"妈妈"等称呼，也会用一些像"啊"之类的语气词。等到一岁多以后，基本上就可以用语言表达自己的想法了。

刚开始的这种目光集中的现象，只是宝宝开始模仿和学习说话的一个迹象和开始，孩子的语言表达能力提升和塑造，还需要一段时间。

爱婴小贴士

我们应该怎样把握这个时机，帮助宝宝学习语言表达呢？

（1）经常与宝宝说话，并用一些比较简单和婴儿式的语言去和宝宝说话，尽管宝宝听不懂，但是时间一长，宝宝是可以体会其中的意思的。对于什么也不会说的宝宝，妈妈的话说得越多越好，耳濡目染，宝宝才能掌握说话的节奏和频率，才能尽快地感知说话的魅力。

（2）注重宝宝的感知力，不能忽略宝宝的感受，学会用目光与宝宝进行交流。

（3）学习几首比较动听的儿歌，常常给宝宝哼唱歌曲，随着音乐旋律和节奏，宝宝对语言的奇妙感和兴趣会不断攀升，语言的技能也会比平时增长得更快。

（4）对于数字的感悟，拉着宝宝的手指头，一个一个地教宝宝数指头，宝宝通常会很喜欢妈妈这样做，这样学习数字语言来也会

更有吸引力，更有趣味性。

（5）当宝宝专注于看他人说话的时候，不要随意地去打扰和制止宝宝，应该让宝宝在观察中逐渐学会说话，逐渐掌握语言的表达能力和技巧，促进宝宝的健康成长。

（6）在这个时刻，最为重要的是我们的语言一定要标准，包括发音、语言的性质等，咬字要准确，不能讲脏话或者一些消极的语言，引导宝宝健康的发展自己的语言系统，给宝宝做一个优秀的榜样。

9. 宝宝见光后眯缝起眼睛同时喷嚏连天

情景模拟

陈婧有一个习惯，喜欢出去散步、旅行。她最无法忍受的是整天待在房间里，她觉得那样的生活会把自己给闷坏的。

在怀孕的那段时间内，陈婧算是深切地体会到了待在房间那暗无天日的生活的恐怖性。所以生完宝宝以后，随着宝宝的渐渐长大，陈婧就经常选择在风和日丽、阳光充足的日子里带宝宝到外面散步。

时值温暖的春季，小区里的花花草草都开始复苏盛开了，所以陈婧就经常带宝宝到小区里的长廊里坐一会儿，让宝宝晒晒太阳，享受一下阳光的温暖。

但是出去了几次后，陈婧发现宝宝有一个奇怪的现象，那就是每当宝宝看见太阳，就会把眼睛眯起来，同时不停地打喷嚏。

陈婧自己以前也有这种经历，那就是抬头看太阳，往往会有打喷嚏的现象，但是并没有像宝宝这样一连打好多个喷嚏那么严重。于是她就开始怀疑宝宝是不是感冒了，或者患有鼻炎什么的。

这一天，刚好是周末，天气晴朗，陈婧推着宝宝到小区碰见了同单元的李医生，于是她借机向李医生说出了自己的困惑。

"李医生，你看我家宝宝为什么一见到阳光，就会不停地打喷嚏呢？我现在不敢经常带他出来晒太阳了，只能偶尔出来一次。"陈婧很疑惑地问李医生。

"别说是这么小的宝宝了，即便是大人也会有这种现象，这很正常啊。"李医生笑着说道。

"那是什么原因呢？"陈婧迫切地想知道原因。

"这个是主要是因为人的眼睛和鼻子受到同一条三叉神经的支配。一旦受到阳光的强烈刺激，就容易引起人打喷嚏。简单地说就是本来是眼睛受到阳光的刺激，但是又通过鼻腔反射出来了。"李医生很简明扼要地给陈婧讲了其中的原理。

"原来是这样啊，看来这对宝宝没有什么危害了。"

……

解　析

情景中，陈婧面临的是关于宝宝在见到阳光时会眯眼连打喷嚏的问题，这其实是一种较为普遍正常的行为。

经医学研究发现，人的眼睛和鼻子是由一个三叉神经统一支配和控制的，首先由眼睛接收到阳光的刺激，然后又通过鼻腔进行反射，于是就出现了打喷嚏的行为。对于婴儿而言，这种现象会显得

尤其频繁。这主要是因为婴儿对外界的适应性还很弱，对一切比较强烈的反应还是很敏感的，所以会出现连续打喷嚏的现象。

除了以上这些普遍的现象之外，还有一些因素也会引起宝宝喷嚏连天的现象：

（1）宝宝对室内和室外温差的不适应。一般情况下室内的温度会相对较高一点，室外由于伴有一丝微风，温度会较低一点。宝宝从室内到室外的这个过程中，会有一个不适应的阶段，接触到阳光会觉得太刺眼，所以会眯起眼睛并且喷嚏连连。

（2）宝宝对空气中的一些气味过敏或者是敏感。好比是花香或者是其他散发在空气中的一些刺鼻的气味。试想一下，我们在野外玩的时候，尤其是早上刚刚起来见到太阳的时候，经常喷嚏连天，这其实就是花粉的原因。

（3）遗传过敏性鼻炎，也是宝宝会打喷嚏的原因。

（4）有的宝宝的鼻腔还没有发育完整，鼻孔内还没有长出鼻毛，所以他的喷嚏是从鼻子中反射出来的。

（5）宝宝感冒的前兆。这时我们可以根据宝宝的体温、精神状态、眼神等进行分析判断，提前服用防止感冒的药物。

爱婴小贴士

（1）应该尽量避免在阳光比较强烈的天气外出，不要让宝宝受到这种强烈光线的刺激。

（2）有可能的话，要给宝宝带上口罩，尽量不要让宝宝受到空气中一些异味和灰尘的刺激。

（3）多带宝宝到室外走动，散步或者选择阳光暖和的天气出去晒晒太阳，这样可以增强宝宝的免疫力和抵抗力。

（4）要定时定量地给宝宝补充水分，不要让宝宝体内缺水。

◆**婴语小结：表情是传递给妈妈的第一信息**

表情是一种奇妙的语言，它通过无声的演绎向我们传达出很多信息。作为婴儿来说，表情就是他们的第一语言，因为他们还没有用语言表达感情的能力，所以妈妈只有通过他们的表情，去探知宝宝的心情和内心世界。

在日常交往中，我们都会不同程度的使用"察言观色"这个沟通技巧，来探测对方的心理活动，从而更加有效的与对方进行交流。成人的表情一般较为间接的，而婴儿的表情表现的会更为直观，这对于我们的"察言观色"会更加的容易。

将表情当作探测和衡量宝宝身体的一个信号，是一个很简单有效且快速的方法。所以我们应该从此着手，认真地去观察去解读，去了解宝宝。从而为宝宝创造一个良好的生活环境和成长平台。

当我们在为宝宝为何不停地眨眼睛、不停地流口水而苦恼时；当我们在为宝宝为何紧锁眉头，小脸涨红而困惑时……其实这些面部表情早就暴露出了很多问题，向我们发出了信号。我们应该用百倍的"察言观色"去认识与了解，只有这样才能在最短的时间内，及时地解决问题，为宝宝的成长创造良好的环境。

第七章　行为动作——看懂经常性的动作信息

1. 宝宝总在吐泡泡

　　俗话说："三个女人一台戏。"几个女人碰在一起，难免要海阔天空地聊一下，尤其是刚刚做妈妈的女人们，似乎有永远说不完的话。这天，就有这样几个妈妈在街上碰见了，于是在一起闲聊了起来。不知不觉就聊到了宝宝的问题。

　　妈妈 A 说："我家宝宝现在有 8 个月了，可是，最近几天，我看到他嘴巴经常往外吐泡泡，吃奶也能吃，但是有时边吃边哭闹，睡觉都很少，精神状态还好。"

　　妈妈 B 急忙说："你说的情况我家宝宝也有，出生后就有轻微鼻塞，现在晚上比较严重，体温每天监测都正常，偶尔呛到了会咳嗽，我看书上说宝宝得肺炎会嘴巴向外吐泡泡，不知道我家宝宝是不是这种情况。"

　　妈妈 C 接上了话茬，说道："你家宝宝才多大呀！怎么可能得肺炎呢？记得我们家宝宝在 5 个月的时候也老是吐泡泡，当时我也是非常着急，听到有肺炎这个说法，可是带宝宝到医院一检查，医生却说是因为我家宝宝在长牙齿，当时我心中的那块大石头终于落地了。"

妈妈 D 不甘示弱地说："你说的这是一种情况，最好还是带宝宝到医院检查一下吧，这样有什么情况及时处理。"

……

就这样，大家你一言我一句的说着自家的宝宝。

解　析

对于宝宝的吐泡泡，10 个人可能有 10 种看法，因为每个宝宝所遇到的情况都不太一样。其实，每个宝宝都会经历吐泡泡这个过程。因为宝宝的吞咽功能不太好，当宝宝的嘴里有太多的口水的时候，宝宝不会咽下去，所以，他们才会不停地吐泡泡。

（1）宝宝的消化系统没能完全发育好，所以，宝宝吐泡泡可能是由于过于频繁地给他们喂奶造成的。

（2）当我们给宝宝喂奶的时候，方法和姿势的不当，也会造成宝宝吐泡泡。

（3）如果宝宝已经有3个月了，他们吐泡泡也许是要长牙齿了。

（4）肺炎的征兆。如果宝宝在吐泡泡的时候，老是吐舌头，同时还有发烧、咳嗽、吃奶的时候也会呛住，并伴有呼吸急促、精神萎靡等症状，我们要带着宝宝去就诊，因为这些都是肺炎的征兆，宝宝很有可能是得了肺炎了。

（5）大部分宝宝吐泡泡都是正常的，这也许是宝宝寻找奶头的动作，也许是宝宝的一种反射动作。当宝宝有2个月的时候，他们的唾液

腺开始发育，就会出现大量的口水，形成了宝宝吐泡泡的现象。

爱婴小贴士

对于宝宝吐泡泡，不同的原因应该采取不同的措施：

（1）由于宝宝的消化系统没能完全发育好，所以，宝宝吐泡泡也可能是由于过于频繁地给他们喂奶造成的。所以，我们可以在给宝宝喂奶的时候，可以按照定时定量、少食多餐的原则来给宝宝喂奶，不要强迫宝宝吃奶。

（2）宝宝五六个月的时候，我们可以给宝宝吃一些半固体的食物，如面条和粥，让宝宝多吃一些时令的果蔬，这些都会减少宝宝的吐泡泡。

（3）在宝宝稍大的时候，拿一些小粒的糖给宝宝吃，以此来锻炼宝宝的吞咽唾液的能力和习惯。

保持宝宝的卫生。在宝宝流口水后，及时地用干净柔软的纸巾或毛巾擦掉口水。经常给宝宝换洗衣服。如果，宝宝的嘴周围、下巴和脖子等处的皮肤出现了潮红、脱皮等现象，我们应该用温水给宝宝洗干净这些部位，再给宝宝涂上一些润肤的东西。

2. 宝宝总是打哈欠是瞌睡吗

情景模拟

一天，杨利带着自己3个月的小宝宝到附近的一个游乐场玩耍，游乐场里很热闹，小宝宝用她那双亮晶晶的眼睛，很好奇地环顾着四周，还不时地晃动着小手，欣喜地发出咯咯的笑声。

杨利看到宝宝这么高兴，于是就找了一个地方坐下来，不一会儿对面也来了两个妈妈，带着自己的宝宝坐在了杨利的身边。她们很随意地攀谈起来了。

其中一个妈妈问道："你们有没有发现，几个月大宝宝老是爱打哈欠吗？"

另一个妈妈说道："就是啊，我们家宝宝现在都四个月了，不瞌睡也喜欢打哈欠，不知道是怎么一回事儿，但是我婆婆说，小孩子就那样，长大一些就好了。"

杨利其实也发现自己的宝宝存在打哈欠的问题，并且很频繁。自己也没有太在意，以为是宝宝困了。既然谈到了这个问题，杨利说道："我们家宝宝也是这样的啊，小孩子也许就这样吧，容易犯困，应该没有多大的事情。"

其中一个妈妈说道："宝宝瞌睡想打哈欠，这当然是一种很正常的现象，大人困了还会打哈欠呢，何况是这么小完全没有抵抗力和免疫力的小孩子呢。不过我们可不能忽视了其他的原因。"

杨利和另外一个妈妈感到很惊讶，异口同声地问道："还有其他原因吗？"

那个妈妈说道："当然有了，为了这个问题我还专门去医院咨询了一下，医生说，除了想睡觉、犯困，宝宝会打哈欠以外，宝宝大脑缺氧也会引起频繁的打哈欠。"

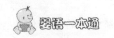

杨利和那个妈妈听了对方这样一说，顿时来了精神……

解 析

打哈欠是人的一种正常生理和身体反应，通过打哈欠，人们的全身肌肉和心理可以得到暂时的放松，每个人每次打哈欠的时间大约有6秒钟。当人们感到很困乏的时候，大脑往往会向身体发出疲劳的信号，表现形式多为打哈气。

对于宝宝来说，打哈欠除了是一种瞌睡的表现外，还会有以下几个原因。

（1）宝宝心情愉悦，大脑兴奋时，往往会通过打哈欠使自己的内心得到平复，这个时候打哈欠只是宝宝身体的一种自我调和，没有什么异常。

（2）婴幼儿时期的宝宝，鼻腔还没有完全发育好，所以在鼻囊中很容易累积一些鼻屎，影响宝宝的呼吸，宝宝无法顺畅地呼吸就会打哈欠。

（3）假若屋子里通风条件不好，氧气不足，宝宝感到呼吸困难，从而疲倦，也会打哈欠。

（4）宝宝缺钙时，大脑也会缺氧，身体无法得到正常的运行，会通过打哈欠排除体内的二氧化碳，以便获取更多氧气。

爱婴小贴士

针对以上几个原因，我们应该客观地去分析宝宝打哈欠的各种原因，确保宝宝的身体和健康得到一个很好的运行条件。

（1）首先要保证宝宝的睡眠质量。几个月大的宝宝自身免疫力比较低，所以需要通过睡觉来积聚身体的能量，妈妈应该让宝宝有一个充足的睡眠，一定要保证睡觉环境和条件，比如不能太吵、光线不能太刺眼、室内通风、棉被要透气、柔软等。

（2）注意给宝宝补钙，确保宝宝的营养要跟上身体增长的速度。给宝宝多吃一些调理身体体质的营养食品，提高宝宝的抵抗力和免疫力。

（3）多补充一些营养的蔬菜、水果和食物，确保营养的平衡。

（4）在医生的指导下给宝宝服用一些无副作用的安神补脑类的药水。

（5）平时多带宝宝到室外走动，呼吸新鲜空气，晒晒太阳，注意保暖。

（6）注意给宝宝喝开水，补充体内所需要的水分，也可以喝一些姜水。

通过注意以上几个方面的生活细节和调理，宝宝自身的免疫力会增强，那么打哈欠的现象就会减少，宝宝的健康就有一个很好的保证。

3. 扔东西，给他捡起来，又扔掉

情景模拟

陈蓉的宝宝有 8 个月了，这天的陈蓉的弟弟陈军来看自己的外甥，亲热之余，把宝宝抱了起来，并拿出自己买的玩具给宝宝玩，

可是刚刚把玩具放到宝宝手里，宝宝就扔了。陈军马上捡起来送到宝宝手里，宝宝又扔掉了。

陈军很奇怪地说道："宝宝真调皮，老是扔东西，看来不喜欢我买的玩具啊！"

陈蓉说："近来宝宝老是爱扔东西，逮着什么就扔什么，将家里的很多东西都扔得乱七八糟的。每次都是给他捡起来，结果，又被宝宝给扔掉了。我也很是无奈。"

陈军说："是有点奇怪啊，对了，我有个同事的宝宝和我们的宝宝一样大，我给打电话问问。"

随后陈军拨通了同事的电话，同事听了陈军所说的情况后说："我家宝宝原先也有这个习惯。我刚开始还以为是我家宝宝在故意跟我闹着玩的。有好几次，我没忍住还动手打了他。后来我咨询了医生才知道，这是宝宝在练习新的技能呢。"

陈军说："这么说是正常的啊！你是怎么处理的啊？"

这位同事在电话里面说："我给宝宝买了很多比较新奇的东西，慢慢地转移了他的注意力，渐渐地也就不怎么扔东西了。"

陈蓉听了弟弟向同事的请教，心里似乎有打算了。

解　析

情景中陈军同事的宝宝扔东西，可能是因为练习新技能的表现，但是在不同的情况下的这种表现形式还有其他的原因。

（1）因为好奇，所以宝宝才会扔个不停。其实，大多数孩子都会经历扔东西的这个阶段，是由于宝宝的手部处于敏感时期，他们可以感受到自己手部的力量，有能力将东西扔到远处而好奇。

（2）玩厌烦了。因为对某个玩具失去了兴趣，所以扔掉，不愿意在自己的视线范围。这时，我们可以用其他颜色鲜艳和新奇的东西来给宝宝玩。

（3）好奇父母反复捡东西的动作，因为以前从来没有看见过父母这样，所以会觉得好玩，才会不断地扔东西。

（4）引起他人的注意。因为有需求，所以会以扔东西来引起大家的注意，比如需要有人陪他一起玩。

（5）患有多动症。这类宝宝特别的喜欢扔东西，不管是在哪里，他们都不能较长时间的集中自己的精力，所以，会将自己手里的东西玩一会儿就扔。

爱婴小贴士

宝宝扔东西是一种很正常的行为，只要我们给予适当的引导，就不会有什么大的问题。现在很多父母在长时间的看到这种现象之后，会用各种方式责备宝宝，这是一种错误的做法，会伤害到宝宝与自己的感情。其实我们可以采取很多有效的措施。

（1）我们可以专门为宝宝设计一些与扔东西有关的游戏，让宝宝去玩，同时也可以锻炼他们手臂的力量与活动技能。

（2）通过眼神或者动作与宝宝进行交流，让他们意识到自己行为的不妥。同时我们也可以用其他的东西来转移宝宝的注意力。

（3）如果我们知道宝宝扔东西是为了引起他人的注意的话，我们要增加对宝宝的关注，给予宝宝更多的关爱，让宝宝体会到我们

对他的关心。

（4）在宝宝把东西扔出去之后，在宝宝可以行动的情况下，让宝宝自己将东西给捡回来，这样也可以减少宝宝扔东西的次数，同时也可以锻炼宝宝的骨骼，让他们意识到自己扔的东西要自己去拿，这是对婴儿的一种启蒙教育。

（5）如果宝宝是因为发脾气、生气而扔东西。我们对于这种现象不可以视而不见，也不可以让宝宝产生抵触的情绪。积极的去安抚宝宝，等到宝宝心情平静下来之后，逐步地对宝宝进行教育。

同时，我们也可以帮助宝宝拓展对其他领域的兴趣和爱好，吸引宝宝的注意力，既制止了宝宝的这种行为，也帮助宝宝培养了其他方面的兴趣。

4. 看到同伴就用手打是为什么

情景模拟

周伟有一个人见人爱的儿子，现在已经有 1 岁了，可以摇摇晃晃地走路了。宝宝长得非常的漂亮，左邻右舍赞叹不已，当然也是家里的"小皇帝"，受到了千人宠、万人爱，平时在家里就数儿子"最大"。

后来周伟发现，儿子越来越好动了，动不动就会推同伴一下，惹得对方哇哇大哭。就拿最近的一次说吧，儿子在草坪上玩，自己在看书，突然小伙伴哇哇地哭了起来。周伟赶紧起来查看，这时这个小伙伴的母亲说：

"你们家孩子真调皮，我刚把我们家的孩子放下让一起玩，谁知这小家伙一下就推了过来，吓得我家孩子直哭。"

周伟忙说："实在对不起啊，不知道咋回事，这孩子最近老爱动手，打吧又不忍心，说吧他又听不懂，真是闹心。"

这位母亲说："你可千万不能动手打啊，这么小的孩子不懂事是正常的，况且又是男孩子，又不会说话，应该去引导。"

周伟说："我最近在担心，是不是得了什么多动症呢？"

这位母亲说："一般不会的，我哥哥家的孩子也有这种现象，经常欺负我们家的闺女，呵呵。"

……

这位母亲的话让周伟轻松了许多，应该大多男孩子都是如此吧。

解 析

这种现象在生活中我们经常会遇到，本来是想抱着自己的宝宝与别的宝宝握手亲热的，可是突然宝宝就动手抓了起来。动手打人的宝宝多发生在男孩身上。我们可以从以下几个方面进行分析：

（1）这个时期是宝宝自我意识的萌发点，凡事都是以自我为中心，在和小伙伴们见面后，稍有不合意的地方或者心情不好，就会与小伙伴们大打出手。

（2）因为此时的宝宝还不具备任何的交往技能，例如当宝宝想要小伙伴手中的东西的时候，没有达到自己心里的目的，就会动手。

（3）此时的宝宝语言表达能力也比较差，对于自己的想法不能

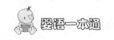

表达清楚，父母又无法理解，因此产生了负面的情绪，出现打人的情况。

（4）也有一些宝宝还没有形成同情心的意识，他们会对其他小伙伴被打哭的情况比较好奇。

（5）父母对孩子的娇惯也是造成宝宝爱打架的一个重要原因。

（6）是宝宝在吸引注意力的手段之一。

（7）当宝宝饿了或是身体不舒服的时候，就会特别的没有耐性，也会打人。

（8）当宝宝经历了搬迁、上幼儿园等生活中的变化的时候，就会有些不知所措，也会动手打同伴。

爱婴小贴士

宝宝见到同伴打人，到底是正常还是不正常？对于这种情况我们应该怎样去处理呢？相信是我们最为关心的问题。下面我们进行分析：

（1）给宝宝创造一个良好的环境，宝宝的模仿能力是最强的，虽然还不会说话，但是能够看到我们所做的一切，因此我们应该以身作则。

（2）从宝宝的表情上，分析宝宝打人的原因，是因为不喜欢对方还是心里有其他的需求？比如宝宝是连哭带打，那是因为宝宝受到了委屈，心里有需求。

（3）不要因为宝宝打同伴，就对宝宝表现出一种冷漠和懒得理他的态度，这会极大地伤害到宝宝的感情。

（4）有时宝宝可能是想用手抓同伴身上的东西，不小心弄疼了同伴，这时我们要加以区分，不要认为是宝宝故意用手打同伴。

（5）用自己的肢体语言向宝宝传递："打人是不对的"这样的信息，让宝宝意会到自己的错误或者是我们的生气。比如用很生气的眼神看宝宝，这可以起到有效的告诫作用。切记不可在宝宝打了同伴之后，还一个劲的赞扬宝宝"打得好"，这会误导宝宝的健康成长。

5. 对身边骚动总是一激灵

情景模拟

阳阳婚后一年就有了自己的宝宝，阳阳对自己的宝贝女儿非常的照顾。她不但辞去了原本很不错的工作，还把所有的精力和时间倾注在宝宝的身上，目前宝宝已经5个月了。

随着宝宝的逐渐长大，阳阳发现宝宝最近有一些异常的现象，关键的一点就是宝宝对周围的环境和动静特别敏感，稍微有一点动静就会反应很激灵。

阳阳想：是不是宝宝受到了什么惊吓所以才会这样呢？还是本身就比较胆小呢？

阳阳去医院向医生咨询了一下，医生说道："小宝宝本身抵抗外界压力的能力就比较弱，所以对于外在环境很敏感，特别是受到一些惊吓后。"

阳阳想了想说："宝宝最近没有受到什么惊吓，一般家里人说话

都是比较低的，另外电视声音也比较小，也没见什么陌生人啊。"

医生说道："还有一个原因就是缺钙，这也是导致宝宝产生这种现象的原因，以后多给宝宝补钙效果会好一点。"

阳阳疑惑地问道："为什么宝宝缺钙会对周围环境骚动敏感呢？"

医生解释道："宝宝缺钙，自身的免疫力就会比较低，所以很容易受到刺激。"

阳阳听了医生的解释，觉得说得确实很有道理……

解　析

如情景中的医生所说，宝宝对身边产生的骚动总是一激灵，可能是由很多原因造成的。对于成年人来说，对于身边的骚动我们有时候也会一激灵，这是因为我们第一次或者很少遇到这种骚动，我们的大脑对这种骚动不是很熟悉。比如我们在进门的时候，突然有一个人出现在我们的面前，这时我们必然会吓一跳。而此种做法如果一天当中遇到很多次的话，我们也就会习以为常，不在因此而激灵了。

同样的道理，宝宝对骚动的突然激灵，有时候也是一种不习惯的表现。具体我们可以从以下进行分析：

（1）随着年龄的渐渐长大，耳朵对外界信息的接收度逐渐提升，对周围的事物和声音会比较敏感，所以一旦有什么动静也能引起他的关注。这是一种很正常的生理现象，随着宝宝的成长，会渐渐地减少。

（2）对于那些剖腹产的婴儿来说，免疫力比那些正常出生的婴儿免疫力和抵抗力要弱一些，所以在这方面会表现得更加明显。

（3）宝宝在受到了惊吓后，心理和大脑里会有一些阴影，会感到害怕，所以对周围的事物和声响会很敏感。

（4）宝宝缺钙，多会出现躁动，营养不良，身体虚弱的现象，反应也很敏感。

（5）周围环境实在是太吵闹，超出了宝宝平常所接受的声音范围。

（6）宝宝此时的状态缺乏安全感。比如母亲抱宝宝的姿势不正确等。

💗 爱婴小贴士

对以上几种原因的分析，我们应该清楚地区分哪些举动是正常现象，哪些是由于环境的不好和自身缺钙的影响造成的，进而作出相应的预防和诊治措施，给宝宝提供一个良好的生活环境。

（1）多关心宝宝，经常抱抱宝宝，不要把宝宝一个人放在一个地方，这样能增强宝宝的安全感。

（2）在家里大人们的说话声音要轻柔温和一点，尽量多对宝宝笑，使宝宝对周围的环境有一个良好的印象。

（3）注意宝宝的睡眠环境，要保证宝宝在安静的环境下睡眠，尽量使宝宝睡得安心。

（4）多带宝宝到外面转转，让宝宝多见识一些人和事物，促使宝宝快速地适应外面的世界。

（5）给宝宝补钙，保证宝宝身体营养的吸收和完善。

（6）多抚摸宝宝，父母的抚摸会让宝宝全身有一种轻松温暖的感觉，所以父母应该多抚摸宝宝的身体，使宝宝的身体和神经得到放松。

（7）给宝宝多听一些比较舒缓优美的音乐，不仅能开发宝宝的听力，还可以使宝宝身心愉悦。

父母在平时的生活中多注意观察宝宝的一些异常举动，并根据实际的情况加以应对，那么，宝宝的身心健康将会得到很好的保证。

◆婴语小结：及时拉响预警，勿把细节当玩乐

对于宝宝的种种行为动作，我们不要轻易的忽视，现在很多家长往往会按照大人的思维去想宝宝的行为动作，这就是一种误解，我们采取的措施或者提供给宝宝的，并不是宝宝想要的，这对宝宝的身心健康的发展是极为不利的。

父母是孩子最好的老师，我们是宝宝的启蒙者，宝宝是否可以健康地成长，与父母可谓是息息相关。因为我们一个看似很轻易的做法可能就会影响宝宝的一生，为什么每个孩子在长成之后，都有各自不同的性格？这是因为他们的生长环境不同，不同的环境造就了他们各自不同的特质。而宝宝的生长环境是如何形成的呢？那就是我们父母的行为举止。

宝宝吐泡泡了、宝宝打哈欠了、宝宝用手打同伴了等，这些看似很普通的现象，其中却蕴藏着很大的内涵，明白宝宝所表达的意思，才能有效的解决宝宝所面临的问题。

同时，宝宝的一些行为动作，也是在向我们传达他们的一些信息，所以，我们一定要认真"聆听"宝宝的意愿，来更好地为宝宝解决问题。

第八章　睡眠之时——睡不安稳一定有话说

1. 宝宝头颅不断磨擦枕头

情景模拟

　　宝宝6个月了，最近睡觉总是不老实，头在枕头上磨来磨去的。妈妈不知道这是怎么回事，就问丈夫："宝宝最近是怎么回事呀，翻来翻去的不说，还总磨枕头。"

　　"小孩子嘛，睡觉都不安分，没什么问题。"丈夫不以为然地说。

　　就这样过了几天之后，妈妈在为宝宝洗澡的时候，发现宝宝后脑勺的头发掉了一些，其他地方都挺好，这时妈妈想：问题肯定是严重的，不然怎么会这样呢，马上叫来了丈夫，生气地对丈夫说："你看，宝宝的头发都掉了一些，肯定是前几天我给你说的磨枕头磨的，你还说没有什么关系呢。"

　　"真的是这样啊，那么我们换一个枕头吧，这样可能会好一点。"丈夫也焦急地说道。

　　很快妈妈为宝宝换了一个枕头，心想这样可能会好一点吧。可是过了几天后，晚上睡觉的时候，妈妈还是发现宝宝磨枕头。这时

爸爸猜测道："是不是因为头痒啊！"

"不会呀，我经常给他洗澡，怎么还会痒呢？"

丈夫有一个大学同学正好是做大夫的，于是马上给这个同学打了一个电话。

"老大，这么晚了有啥事啊，还让不让人睡觉啊！"丈夫的同学迷迷糊糊地说，显然已经快入睡了。

"有事啊，我们家宝宝晚上总是磨枕头，已经好几天了，你说怎么回事啊。"丈夫焦急地说。对方听宝宝的爸爸很认真，马上也严肃了起来。

"这样啊，宝宝平时吃奶情况怎么样？"丈夫的同学问道。

"现在吃得比以前少了，而且平时经常煮粥给他吃。"宝宝的妈妈接过电话说道。

"据我所知，你家宝宝应该已经6个月了吧，宝宝可能是缺钙，缺钙的宝宝一般都会出现这种情况。"

……

妻子听了丈夫同学的话，开始咨询医生为宝宝补钙，过了一段时间后，情况果然有所好转，宝宝睡觉安分多了，不再摩擦枕头了。

解 析

情景中宝宝磨擦枕头的现象得到了很好的控制，为父母去除了很大的一块心病。情景中宝宝的主要原因是缺钙，的确，缺钙会引发很多的疾病，其中睡觉摩擦枕头就是其中的一种。下面我针对这个问题进行一下整理。

（1）宝宝为何用头摩擦枕头

·缺钙。

·枕头不舒服，比如说枕头太高了，或者枕头太热了，宝宝因为感觉不舒服而摩擦枕头。

·头发没有洗干净，宝宝觉得痒时也会磨枕头。

（2）解决方法

·保证宝宝头部的卫生，经常给宝宝洗头。

·保证枕头的干净，经常清洗枕巾，枕芯也要经常晒，尤其是夏季的时候更要勤换洗。

·注意宝宝是否缺钙，如果缺钙，就要及时为宝宝补充钙元素。

爱婴小贴士

对于宝宝头颅不断摩擦枕头的其两个原因都比较好解决，而对于补钙却是一个复杂且具有一定技术含量的工作，我们需要对其有全面的了解。

（1）婴儿之所以缺钙，是因为维生素 D 的摄取量不够，而维生素 D 在事物中的含量比较少，再加上婴儿的饮食很简单，所以很容易造成缺钙。所以早产儿和双胞胎婴儿一般在出生后的 1~2 周就开始补充维生素 D，正常足月的婴儿一般是在出生后的 2~4 周开始补充维生素 D。

（2）不管宝宝是人工喂养还是母乳喂养，都是以奶类为主，0~5 个月的婴儿每天对钙的摄取量是 300mg，要满足 300mg 的钙量只要每天饮母乳或配方奶 600~800mg 就够了。

（3）婴儿到 5～11 个月大的时候，每天对钙的摄取量达到了 400mg，从此时起，婴儿就需要补钙了。

（4）1～3 岁的婴儿每天对钙的摄取量增加到了 600mg，此时婴儿的饮食逐渐从奶类过度到了谷类，所以还要为婴儿每天补钙 150～300mg，这样才能满足这个时期的婴儿对钙的需求量。

（5）多让婴儿晒太阳也可以补钙，这也是婴儿补钙的重要途径。

2. 抱着睡，一碰床就醒

情景模拟

王女士和邻居家的张女士都有一个可爱的宝宝，王女士家的宝宝已经 3 个月了，可以带着宝宝在家的附近转悠了。而张女士家的宝宝才刚刚出月，每天只能待在家里。

这天，王女士带着自己的宝宝到张女士家串门，一见面王女士和张女士就说起了各自的宝宝。

"你孩子都 3 个月了，这样还好带一点，我的宝宝才刚满月，我每天抱着都轻手轻脚的，唯恐出现什么差错。"张女士担心地说道。

"咳，别提了，一样很费心。尤其是最近白天睡觉，一定要抱在怀里才能睡，好不容易哄睡着了，本想可以轻松一下了，没想到刚放到床上就又醒了。"王女士说道。

"是吗，这是怎么回事啊？"张女士奇怪地说道。

"在宝宝睡着我准备放在床上的时候，怕把他弄醒了，尽量很轻很轻地放，可是一碰床就醒了。"王女士无奈地说道。

"现在天气这么热，一直这样抱着，确实也够累的，而且听对面的阿姨说，这个时候很容易出现痱子。"张女士同情地说道。

……

两人就这样你一言我一语地讨论着，谁也没想出一个好的方法来解决这个问题，只是发泄着心理的苦闷及担心。

解　析

两位妈妈的苦恼我们都能够理解，不管已经是妈妈还是即将成为妈妈的，如果宝宝不躺在床上睡觉，要自己抱着睡觉，对谁来说，肯定都受不了。这不管对于自己还是孩子在生活上都会产生一定的影响。孩子为什么在妈妈的怀里睡得好好的，一到床上就醒了呢？醒了之后不断地哭闹，好像在说："我不要在床上睡。"为什么孩子不想在床上睡呢？

（1）很多妈妈肯定都遇到过这样的问题，有的妈妈认为"孩子都是这样的"，于是就满足孩子的要求，抱着孩子睡。有的妈妈认为是"孩子是不是没有吃饱"，或者"放孩子的姿势不正确"等，要解决问题光靠认为远远是不够的，首先我们来分析一下，为什么孩子喜欢抱着睡呢？

①这是婴儿的一种本能，婴儿觉得被大人抱着有安全感，也希望得到大人的爱抚，所以在大人的怀抱中时，婴儿会感觉离大人的距离非常近，会产生安全感。

②我们给婴儿养成了这样的习惯，孩子在婴儿时期，我们也喜欢抱着他哄睡，或者是只要宝宝一哭，我们就会抱在怀中；有些父

母认为抱着孩子睡能与孩子增进感情，所以，创造这样的条件，宝宝也形成了习惯。

③没有给宝宝创造一个舒适的睡眠环境，比如柔软的床，或者温暖的被褥等，当宝宝从妈妈较熟悉和温暖的怀抱中，转移到一个比较凉或者硬的床上时，因为不舒服就会反抗。

④孩子还在浅睡期，此时的婴儿没有熟睡，外界的一些动静会惊扰到他，所以这个时候还比较敏感，如果孩子刚入睡，妈妈就急于把他放到床上时，婴儿就会被惊醒。

⑤婴儿饿了，没有吃饱。这个时候是最容易醒的，而且醒了之后就会哭闹。

（2）抱着宝宝睡觉的缺点：

①孩子被抱着睡着时，睡得并不深，即使是睡醒了，精神也不好，这会影响宝宝的睡眠质量。而良好的睡眠质量对孩子的成长非常重要。

②孩子容易形成过度依赖的性格，不利于孩子独立意识的培养。

③因为睡姿并不舒服，没有像在床上时伸开手脚，所以会影响孩子的脊椎发育。

④不利于孩子呼出二氧化碳和吸进氧气，这会影响孩子的新陈代谢。

爱婴小贴士

对于这个让很多妈妈头疼的问题，我们应该怎样去解决呢？

（1）等孩子深睡以后再放到床上，此时孩子就不易被惊醒。

（2）如果放到床上之后孩子醒了，妈妈不要立即把孩子抱起来，而是轻轻地拍抚他，或者放一些轻音乐来帮助孩子睡眠。

（3）在床上铺些较为柔软的绒毯、毛毯之类的东西，不要让宝宝感到床面太硬或者太凉。

（4）在宝宝吃饱了之后放下，一般是喂完奶之后比较容易放下。

（5）妈妈要学会"硬心肠"，不要过度的迁就孩子，如果放到床上就哭了，先不要抱起来，可以让宝宝哭一会儿，他感到疲倦之后就会睡着，最主要的是养成一种好习惯。

（6）放到床上的过程是有技巧的，妈妈先盘腿坐到床上，等孩子入睡之后再把两腿分开，轻轻的将孩子放到床上，再把小枕头塞到宝宝的头下面。

（7）让孩子在床上自然地睡，而不是习惯地抱着孩子入睡，可以在床上哄着他睡，或者在床上给孩子一些小玩具，让孩子玩疲倦了之后自然的入睡。

3. 宝宝出现闹觉、失眠

情景模拟

宝宝最近总是到了晚上就哭闹，很长时间都不睡。为此，作为妈妈的李霞很是烦恼，尤其是在晚上的时候，宝宝和自己都睡不好觉。她多么的希望能够出现一个哈利·波特，将宝宝晚上闹觉的问题一挥而去。

　　这天早上，李霞在睡梦中被电话惊醒了，她迷迷糊糊的接起了电话。

　　"喂，谁啊！"李霞睡意朦胧地问道。

　　"李姐，我是露露啊，怎么还在睡觉啊，你不看都几点了，不是说好了今天一起逛街的嘛。"同事露露在电话那头焦急的问道。

　　"哦，露露呀，困死了，昨天宝宝折腾了半夜才睡，今天我就不去了，你一个人去好吧，我得好好地睡一觉。"李霞说道。

　　"真受不了你们这些妈妈，被宝宝都折腾成这样了，我表姐也是一样，宝宝每天晚上三更半夜的都会醒来，折腾好久才能够睡觉，每天都是无精打采的样子。"露露不经意地说道。

　　"谁叫我们是女人啊！为了下一代也只能这样了，好了，我不跟你说了，我要睡觉了，困死我了。"李霞不耐烦地说。

　　"对了，我听表姐说宝宝晚上闹觉是有原因的，找到原因马上就可以解决这个问题，宝宝不能够长期的失眠，这样对发育不好的。"露露似乎想起了什么，如是说着。

　　"真的！你表姐说是什么原因啊，快说说，我这几天都快被折腾死了。"李霞听到有可以解决宝宝闹觉的方法，顿时清醒了很多，焦急地问道。

　　"上次听我表姐说过，好像与很多因素有关，比如晚上睡觉的光线啊、睡觉的姿势啊，等等，反正这个问题是可以解决的。"露露回忆性地说道。

　　"我以为宝宝都这样呢，只要能解决就好，改天有空我得好好的咨询一下你表姐。"

　　……

解　析

　　宝宝闹觉、失眠对于妈妈来说，确实是一件让人头疼的事情，在生活中，有的妈妈知道出现这种现象是有原因的，可是却找不到原因；有的妈妈却认为宝宝都会这样的，如情景中的李霞一样，只能任这种现象继续发生。

　　为什么到了晚上睡觉的时间，宝宝不仅不睡，反而还会哭闹呢？为了不让孩子再哭再闹，妈妈总是会满足孩子的各种要求，比如有的妈妈认为宝宝晚上闹觉可能是因为太黑了，于是就整夜的开着灯哄宝宝睡觉，其实类似于这种主观的猜测是错误的，并不能完全的解决这个问题。

　　（1）宝宝不睡觉的原因有很多，我们应该仔细地观察宝宝的身体状况，找到最根本的原因，从而从源头解决，这样才是最有效的。下面我们分析一下宝宝闹觉、失眠的原因：

　　①宝宝在浅睡阶段。在这个时候，宝宝很容易被外界的一举一动惊醒，如果这种现象经常发生，就会产生闹觉及失眠的现象。

　　②过度兴奋。白天或者临睡前过度兴奋，晚上宝宝会难以入睡。

　　③宝宝太冷、太热，或者饿了都会哭闹，也可能是因为尿湿了等，总之，就是因为外界的原因造成了宝宝的不舒服。

　　④因湿疹造成的瘙痒。如果宝宝得了湿疹，也会因为不舒服而睡不着。

　　⑤缺钙或者低钙血症。因为缺少钙，宝宝就会睡眠不安或者多汗等。

　　⑥被妈妈搂着睡。如果被妈妈搂着睡，宝宝周围的氧气容易被

妈妈夺去，宝宝就容易因缺氧而睡眠不安。

⑦宝宝在婴儿时期不知道"明天"的概念，所以，养成一个良好的睡觉习惯是非常重要的。当宝宝因为睡意而感到疲倦或者迟钝的时候，就会有一种不安全感，所以就会反抗。

⑧睡眠姿势不正确。比如宝宝的蒙头睡、趴着睡、两手压着胸睡等，这些睡觉姿势都会影响宝宝的正常睡眠，半夜容易夜惊。

⑨其他疾病。很多的疾病也会引起宝宝的闹觉、失眠。

（2）如果宝宝是因为缺钙而闹觉的话，以下几种食物可以帮助宝宝补钙：

①调味牛奶。牛奶能补钙，但是一般宝宝都不喜欢纯牛奶的味道，可以在牛奶中添加其他的食品，比如麦片，或者水果一起搅拌等，这样同样能补钙。

②酸奶。酸奶的品种很多，主要看宝宝喜欢喝哪一种的，一般的酸奶都能起到补钙的作用。

③奶酪。奶酪的含钙量比较高，为了减少全脂肪和饱和脂肪的吸取，可以选择那些含有2%脂肪或者低脂肪的奶酪。

④松软干酪。这种干酪可以单独吃，也可以与水果一起吃。

⑤含钙橙汁。橙汁中的钙也是非常高的。

⑥豆奶。不管是选择的什么口味的豆奶，只要加钙就可以。

爱婴小贴士

对于这种现象，我们可以从以下几个方面着手：

①每个孩子的睡眠时间和睡眠规律都不一样，要了解孩子适合

什么样的睡眠。

②在宝宝睡前的半小时到 1 小时之内，就要让宝宝安静下来，在临睡前不要让宝宝太兴奋，家长们应该有意识的引导宝宝，而不是过分的引逗宝宝。

③睡觉之前让宝宝排尿。

④给宝宝制造良好舒适的睡眠环境，包括气温、光线等。

⑤在宝宝表示不想睡的时候，不要试图让他马上去睡，这样只会引起宝宝的反抗和哭闹。

⑥培养孩子规律的作息时间。

在解决这个问题的过程中，我们需要注意的是：不要让孩子开灯入睡。有的孩子只有在开灯明亮的状态下才能安稳入睡，如果在他没有睡着之前把灯关掉，他就会哭闹不已，这也是一种不良的习惯。家长们不要没有原则的迁就孩子。

4. 睡眠不好

情景模拟

王洁的宝宝已经 1 岁了，王洁经常带着宝宝到邻居刘阿姨家做客。这天下午没什么事做，王洁带着宝宝来到刘阿姨家里玩，不一会儿宝宝就开始哭闹了。

刘阿姨急忙说："宝宝是不是饿了？"

王洁说道："刚已经喂过了，不会这么快就饿了吧。"

刘阿姨："那是为什么呢，是不是该睡觉了？"

王洁说道："都已经1岁了，应该没有那么多觉了。"

刘阿姨关切地说："1岁也要睡十几个小时才行啊，宝宝要是睡不好，情绪就不好，很容易哭闹。"

王洁解释说："我是不想让他白天睡那么多，要是白天睡得太多，晚上就兴奋的睡不着，到时候又不知道要折腾到几点。上次从12点一下子睡到下午4点，到了晚上，怎么哄都不睡。"

刘阿姨说："这就是典型的睡眠不规律造成的睡眠不好，小孩的睡眠规律也是可以调解的，不能为了让孩子在晚上安稳的睡觉，就不让孩子午休，这种做法可不好。"

王洁问道："那我该怎么办呢?"

刘阿姨说："你应该有意识的调节孩子的睡眠时间，白天要午睡，但是时间又不能过长，要适度的午休，这样宝宝的睡眠才会好，才能够有良好的精神。"

······

通过与刘阿姨的这次交谈，王洁长了不少的知识，同时也解决了她平时遇到的一些困惑，比如宝宝有时候会精神不太好，尤其是在白天的时候，好像没有睡醒的样子一样。听了刘阿姨这样一解释，明白其实就是睡觉规律性的问题。

王洁相信，养成一个良好的睡觉规律，一定会解决睡眠不好这个问题的。

解 析

情景中，王洁不想让宝宝白天睡太多的觉、从而影响晚上的睡眠这个想法是正确的，但是对于婴儿来说，白天不能够不睡觉，而且要把握一定的规律去睡觉，这才是最为重要的。

相信孩子的睡眠也是很多妈妈关注的问题，到底宝宝需要睡多久？是不是睡得越多越好？是不是可以随意地安排孩子的睡眠时间呢？婴儿有没有生物钟呢？或者还有很多妈妈，像情景中妈妈那样，因孩子在白天睡的太多到了晚上很晚都不睡觉而头疼呢？对于这些问题，我们有必要做一个全面的了解，这样才能够解决宝宝的睡眠问题。

（1）因为新生儿的脑组织还没有完全的发育成熟，神经系统的兴奋活动持续的时间短，婴儿很容易感到疲劳，所以，婴儿需要的睡眠时间一般较长。良好的睡眠对婴儿是非常重要的：

①利于婴儿成长。因为在夜间睡眠期间，婴儿的生长激素分泌得更多，能促进婴儿的生长，尤其是骨骼的生长。

②保证婴儿醒来之后精神愉悦，不哭闹。

③利于婴儿的饮食，婴儿胃口好了才利于成长。

④良好的睡眠也是养成日后睡眠习惯的基础。

（2）影响婴儿睡眠的因素：

①不良或者不规律的睡眠习惯，例如家长抱着婴儿来回走动、摇晃等。

②白天受到了惊吓或者白天过度的兴奋，都不利于婴儿晚间的睡眠。

③吃得太饱或者没有吃饱都会影响婴儿的睡眠。

④被褥太暖或者太厚，会给婴儿造成不适感，都会造成婴儿难以入睡。

⑤周围环境太吵，或者太热太闷，都不利于婴儿入睡。

（3）每个年龄段的宝宝需要的睡眠时间是不一样的，不同年龄段的宝宝睡眠时间为：

新生宝宝：16~20小时

3周以内的新生宝宝：16~18小时

4周以内的新生宝宝：15小时左右

4个月的新生宝宝：9~12小时（可加两次小睡，每次2~3小时）

6个月的新生宝宝：11小时左右（可加两次小睡，每次1.5~2.5小时）

9个月的新生宝宝：11~12小时（可加两次小睡，每次1~2小时）

1岁的宝宝：10~11小时（可加两次小睡，每次1~2小时）

1岁半的宝宝：13小时（可加1~2次睡眠，每次1~2小时）

2岁的宝宝：11~12小时（可加1次小睡，每次2小时）

爱婴小贴士

如何让宝宝有一个良好的睡眠呢？

（1）养成规律的睡眠时间。婴儿也是需要生物钟的，很多婴儿睡眠不好，都是因为没有养成良好的睡眠习惯。比如有的宝宝白天睡觉，晚上精神，也就是反觉等，这些都会影响宝宝的健康成长，家长们应该让宝宝在小的时候就养成一种晚上睡整觉的习惯。

（2）养成午睡的好习惯。在让宝宝养成午睡习惯的时候，家长要注意观察宝宝的状态，也就是当宝宝按时睡午觉，没有出现疲劳或者过于兴奋的情况，那么午睡就是适合宝宝的。另外，午睡的时间不宜过长，如果过长不利于晚上的睡眠。

（3）提供舒适的睡眠环境。室内可以保持适度的光线，室内的光线不宜太暗；可以给宝宝提供一些布娃娃等玩具来辅助睡眠；室内的温度要适中，不宜过冷和过热；另外，轻缓舒适的音乐有助于宝宝的睡眠。

（4）做好睡眠前的准备工作。做好婴儿的清洁工作，比如洗脸、洗手等；婴儿睡觉时不宜穿的太紧，最好给婴儿只穿内衣。

5. 夜惊，夜间常突然惊醒，啼哭不止

情景模拟

周末的阳光很是明媚，为了对得起这样美好的天气，张晓雅推着自己心爱的宝宝在小区的"羊肠小道"转悠，享受着阳光带来的温暖以及树木发出的新鲜空气。

突然，听到有人在喊自己，晓雅回头一看，原来是小区卫生所的张医生，晓雅经常到小区的卫生所为宝宝检查身体，所以两个人很熟。张医生微笑着说："今天怎么这么清闲啊，带着宝宝出来散心了。"

晓雅客气地说："看着今天天气不错，自己也没有什么事，所以出来转转，呼吸一下新鲜空气。"

张医生微笑着说："这样好啊，有利于宝宝的健康成长，对了，宝宝最近还乖吧？"

晓雅说："最近基本还好，可是不知道为什么近几天，有几次半夜熟睡的时候会突然地大哭起来。我以为是他饿了，可是喂他奶粉他也不吃。"

张医生分析道："是这样啊，一般来说宝宝缺钙会引起很多的不适，不过你们家宝宝我知道一直在补钙，应该是不缺钙的。有没有其他的症状呢？"

晓雅说："主要是晚上突然会惊醒，然后就啼哭不止，其他倒没有什么。这几天我和他爸爸都去上班，留给奶奶照顾，担心会不会出现其他的问题。"

张医生继续说道："其实这种情况也很多见，没有什么大问题，可能小孩闹情绪。比如小孩感到寂寞，或者是因为有分离焦虑等，特别是你们白天要上班，把小孩交给老人照顾，小孩白天虽然玩得很高兴，但是其实他心里是有意识的，也就是情绪。"

晓雅说道："原来是这样啊，看来以后我要多陪陪宝宝了。"

张医生开玩笑地说："是啊，你家宝宝这么漂亮，不行给我养着得了，呵呵。"

……

解 析

当孩子在夜间突然哭闹的时候，很多妈妈都会像情景中的张晓雅那样，想"孩子是不是饿了"、"孩子是不是缺钙了"，这只是引起孩子哭的可能原因。而要明确的知道宝宝出现这种现象的真正原因，我们需要从多个方面去分析，通过宝宝啼哭的时间长短、状态、生活环境、身体状况等各个方面去研究，才能更快的找到自己的孩子是因为什么而哭，这样才会很好的解决。

（1）孩子一般不会没有原因的啼哭，之所以会哭个不停，一定是有原因的，如果孩子经常出现啼哭，这会影响孩子的睡眠质量，也影响家长的正常休息，宝宝夜间突然惊醒并啼哭不止的原因：

①白天受到了惊吓。晚上会再次的感到害怕而哭。

②宝宝可能尿床了。因为感到不舒服而哭。

③做噩梦。如果是梦到比较害怕的事物，宝宝会突然惊醒并哭闹不止。

④缺钙。缺钙的宝宝也会出现这样的情况。

⑤睡前太兴奋，或者是大人过分的逗宝宝。

⑥身体不舒服。比如：肚子疼，如果是肚子疼，大人可以用手给宝宝按摩一会儿肚子；感冒、发烧或者其他一些病症，感冒容易引起鼻塞，孩子会因为不舒服而哭闹。

如果宝宝只是偶尔在晚上突然大哭，可以查看是否是以上几种原因，如果经常这样，就要去医院看医生了。

爱婴小贴士

只有保证了孩子的睡眠，才能让孩子健康的成长，所以当知道了影响孩子夜间惊醒并啼的几种原因之后，就要及时地解决问题。

（1）具体做法有以下几个方面：

①如果是缺少微量元素，要及时地给宝宝补充。

②如果婴儿突然哭闹，先等待几分钟，可以轻轻拍抚宝宝，大

多数的宝宝一般在醒来几分钟之后，就会自然地入睡。

③如果夜间突然惊醒啼哭，首先查看是否是尿床。如果越哭越厉害，查看宝宝是不是饿了，或者查看一下是否发烧等。

④查看是不是宝宝太热或者太冷、睡姿是否舒服等。如果被子盖得太厚，会使孩子因为热而烦躁，会出现啼哭，如果是被子盖得太少，孩子会因为冷的刺激而哭。查看一下是否床上有硬东西使孩子不舒服。

⑤如果宝宝是定时的在晚间哭闹，则可能是因为饥饿。如果孩子是母乳喂养，妈妈不必严格的按照喂奶的间隔时间来喂养孩子，当孩子饿时就让他吃饱了再睡；如果是奶粉喂养的孩子，可以增加喂奶量，有时在奶粉中加水过多也会很快导致孩子的饥饿感。

⑥培养孩子规律的睡眠时间，不要让孩子颠倒睡眠时间。白天孩子睡得太多，到了晚上就会很精神，而此时如果没有人陪他，他就会用哭来抗议。

⑦家长在给孩子换尿布的时候，尽量不要和宝宝说话，也不要引逗他，不要转移他的注意力，而是让他快速的转入睡眠。

⑧安排好午睡的时间，午睡不宜过早也不宜过晚，如果过早，孩子到了晚上会提前入睡，半夜就容易醒来，很容易哭闹；如果过晚，晚上不易入睡。

（2）如果宝宝因为"分离焦虑"而哭该如何解决？

分离焦虑是小孩因担心离开熟悉的人而产生的不安全感，这种不安全感会让小孩感到害怕，也会让他在睡觉时突然惊醒。据研究表明，9~18个月的孩子的分离焦虑最为严重，针对宝宝的分离焦虑，父母可以有意识的消除或者减轻孩子的这种心理。

在宝宝睡觉之前，不要拍他太长时间，并尽量让他自己睡着。

白天要与宝宝有一定时间的亲密接触，比如和宝宝一起玩，要让宝宝知道爸妈很爱他，这是最重要的。

还可以和宝宝玩捉迷藏的游戏，让宝宝意识到即使看不到爸妈，爸妈也在他的周围。

要经常带宝宝到外边看看，不要只让宝宝只熟悉家里的环境。

6. 睡觉时呼吸声重

情景模拟

李梦然是一个广告公司的老板，纯正的事业型女人。在生完宝宝8个月的时候，就已经把全部的时间投入到了工作当中。丈夫在一个事业单位上班，每天朝九晚五，所以8个月的宝宝基本上都由婆婆来照顾。

一天，李梦然出差回来后，特别想自己的宝宝，就把宝宝从婆婆那里接回来，白天抱着宝宝在商场逛了一下，晚上带到了自己的屋子睡。宝宝睡着之后，李梦然发现宝宝的呼吸声特别的重，于是就好奇的问丈夫："孩子睡觉时呼吸声特别大，是不是在打呼噜呀？"

丈夫听了一下说："应该是，这说明宝宝睡得香呀。"

李梦然还是有点担心地说："如果是打呼噜，会不会对孩子不好啊？"

丈夫听了一下说："是不是我的遗传呀，我睡觉不也打呼噜吗？"

对于宝宝的这种现象，两人也就没在意，由于第二天李梦然还

要出差，丈夫还要上班，于是就把宝宝重新放到了婆婆家里。

晚上的时候，李梦然接到了婆婆的电话，婆婆在电话那边焦急地说："孩子感冒了，现在在医院打吊针呢，你赶快回来看看吧。"

李梦然马上打车赶到了医院，丈夫也在那里，宝宝正躺在病床上。李梦然急忙问医生宝宝的病情，医生说："宝宝已经感冒两天了，你们怎么才发现啊！难道之前就没有发现异常吗？"

面对医生的指责，李梦然说："都是我不好，昨天晚上宝宝还和我在一起呢，白天我们去了商场，晚上睡觉睡得挺好的，只是呼吸的声音有点重而已。"

医生马上说："你们真是没育儿经验啊，宝宝晚上睡觉呼吸声音重，其实有时候就是一种感冒的表现，虽然可能还有别的原因，但是以后遇到这种情况一定要注意，不要再耽误了。"

这时丈夫走了过来，李梦然用责怪的目光看着丈夫说："怎么样，昨晚我说宝宝不对劲吧，你还说这是你的遗传。"

丈夫感叹道："看来我们以后要多学习一些育儿知识啊！"

解　析

情景中宝宝最初呼吸声大时，爸爸妈妈都没有注意，以为这是正常的现象，当呼吸声逐渐加重时，爸爸以为"这是睡得香的表现"，生活中很多家长也会有这样的想法，也不采取任何的措施。

小孩子睡觉呼吸声音重，真的是睡得香吗？或者认为这是没有什么大不了的事情吗？有这些想法的家长看问题是主观的。在情景中，粗心的妈妈直到孩子病了才发现这并不是一个小问题。

宝宝在睡觉时，如果是正常的呼吸，应该是安静无声的，为什么呼吸声比较大呢，这一定是有原因的。

婴儿睡觉时呼吸声重的原因：

①鼻腔：因为婴幼儿的鼻腔空间较小，空气在通过较窄的地方时就容易产生声音，如果鼻腔内有少量的分泌物，婴幼儿就容易产生较重的鼻音。

②感冒：如果婴儿感冒了，在睡觉时的呼吸声就会很重。

③喉咙：喉咙内部有块会厌软骨，因为刚出生的婴儿的会厌软骨比较软，在呼吸时，会因为震动而发出声音，随着婴儿的逐渐成长就会消失。

④喉咙中黏稠痰液：这种状态下的婴儿，在睡觉的时候呼吸声难免会大。

⑤打呼噜：打呼噜也是造成婴儿呼吸声重的一个原因。很多家长以为婴儿打鼾是睡的香的表现，其实，这是一种睡眠障碍，我们必须予以注意。如果只是因为睡姿不好而引起的打鼾，这是正常的现象；如果每周有三次以上的情况，我们有必要带宝宝上医院去检查。

爱婴小贴士

对于睡觉时宝宝的呼吸声重，我们很多家长都会遇到，针对不同的原因，我们需要做出与其相应的措施。下面列出了几个最为常见的原因及解决方法，供年轻的父母们参考：

(1) 因为鼻腔的原因导致婴儿在睡觉时的呼吸声较重，只要将婴儿的鼻子清理干净，就会使他们呼吸顺畅了，具体方法有：

如果宝宝有明显的阻塞物或者分泌物，家长可用婴儿专用的棉花棒为宝宝清理。先将棉花棒沾点水，然后深入到鼻孔内将分泌物粘出。需要注意的是，因为鼻腔内黏膜很脆弱，所以一定不要将棉花棒插入得太深，以免使婴儿的鼻腔受到伤害。在用棉花棒清理鼻腔时，婴儿可能会乱动，所以此时一定要注意，不要让棉花棒伤到鼻黏膜。

用温热的毛巾放在婴儿的鼻子上热敷，当鼻黏膜受热时就会收缩，这时，鼻腔就会通畅；鼻腔内的鼻涕也会流出。

如果婴儿鼻塞得太严重，就要请医生用小器械来帮忙处理了。

(2) 婴幼儿喉咙中黏稠痰液，可用以下一些解决办法和预防办法：

要多给孩子补充水分。

室内的空气不宜太干燥，室内的温度适宜保持在 18℃～22℃，相对湿度保持在 55%～65%。

去医院配一些化痰的药物，将痰液稀释，这有利于痰液的排出。

婴儿在睡觉的时候，要经常给孩子翻身或者拍背，这样做有利于肺部的血液循环，拍背还可使支气管内的痰液变得松动，有利于痰液的排出。

正确的做法是：让婴儿侧卧，家长半握拳，轻轻的拍打婴儿的背部，如果婴儿是右侧卧，则拍打左侧的背部，如果是左侧卧，就拍打右侧背部；两侧可交替进行拍打，拍打的顺序是从上而下，从外向内，每次拍打几分钟即可，每天拍打 2～3 次。

（3）婴儿是因为打呼噜发出较重的呼吸声，该如何解决：

查看婴儿的睡姿，如果是因为睡姿不正确，可纠正婴儿的睡姿。

去医院检查是否有腺样体肥大的问题。

7. 睡觉时不停地吸吮舌头、嘴唇

情景模拟

　　王倩正在客厅看电视，突然有人敲门，王倩打开门一看，原来是宝宝的姑姑，手里拎着一大袋东西。全是给宝宝吃的、穿的东西，原来姑姑是来看宝宝的。姑姑是做项目的，宝宝出生时，姑姑在外地工作，项目时间很紧，一直也没有见到宝宝。宝宝现在已经 5 个月了，姑姑的项目也做完了，这才特意来看王倩的宝宝。

　　因为宝宝正在睡觉，两人小声寒暄了一会儿后，王倩带着姑姑来看正在熟睡的宝宝，姑姑发现宝宝一会儿吸吮一下自己的嘴唇，好像大人吃东西时意犹未尽的感觉一样，有时候还会吸吮舌头。

　　姑姑看了一会儿之后，轻轻的和王倩离开了宝宝熟睡的房间，来到了客厅。

　　姑姑说："宝宝长得真可爱，眼睛很像你的，非常的迷人。鼻子和嘴巴像他爸爸的，很有型啊，这绝对是一个完美的组合，以后极有可能会成为大明星。"

　　王倩高兴地说："嗯，我也是越看越觉得我家的宝宝最可爱，可能是出于私心吧。不过最近我发现，宝宝开始在睡觉的时候不停地吸吮舌头与嘴唇了，以前一直没有这种现象，不知道这是怎么

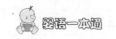

回事。"

姑姑说道："你说的这种现象，刚才我也看到了，我们家孩子以前这样大的时候，也出现过这种情况，后来我带宝宝去医院检查，医生说没有问题，这是一种很正常的现象。"

王倩："正常就好，我就怕出现什么我们不知道的症状。医生有没有说是什么原因造成的这种现象啊？"

姑姑回忆道："医生当时也没有给我说是什么原因，只是告诉说没有什么大问题，让我以后有空就按摩一下宝宝的牙龈。后来我问了其他人，他们都说这是宝宝在长牙呢。"

王倩还是有点担心地说："除了按摩宝宝的牙龈，还有没有别的可注意的啊？"

姑姑说道："后来我查了一些资料，要是宝宝长牙的话，要注意矫正他吸吮的动作，不然可能会影响牙齿的整齐。"

……

情景模拟

宝宝吸吮自己的舌头和嘴唇，这是很常见的情况，很多妈妈也会以为这是宝宝自娱自乐的小动作，并没有什么特别的含义；或者小孩在做梦吃饭呢等，其实很多时候并不是我们想象的那样，他是由宝宝身上的多种因素引起的。

（1）婴幼儿吸吮舌头和嘴唇是一种本能，有很多宝宝在白天的时候，也喜欢吸吮舌头或者嘴唇，到了晚上也是白天习惯的延续，如果睡觉时不停的吸吮舌头或者嘴唇，可能的原因有：

①宝宝要长牙时的一种常见的特征表现。这种情况最为常见，宝宝在长牙的时候，牙龈部位往往会产生不适的感觉，这时宝宝为了缓解这种不适，会不由自主的表现出这种动作。

②吸吮的本能没有得到满足。

③缺乏安全感的一种表现，而吸吮舌头和嘴唇则是一种依靠，可能是家长陪伴不够造成的。

④缺乏维生素 D

（2）宝宝经常吸嘴唇的弊端：

①如果宝宝经常吸吮上嘴唇，则有可能导致前牙反合，下颌向前突出。

②如果宝宝经常吸吮下嘴唇，则有可能导致上前牙突出，下颌后缩。

爱婴小贴士

（1）3~6 个月的婴幼儿都会有吸吮嘴唇的动作，一般过一段时间就会消失，当宝宝出现这样的情况时：

可以适当的喂些奶或者水。

让宝宝动手玩，让宝宝发现对手的探索，转移宝宝的注意力，如果对手的分辨更清晰，就会淡化对舌或者嘴唇的感觉。

让宝宝接触外面的世界，可以带宝宝到外面去玩，丰富宝宝的生活，转移宝宝的注意力。

平时要多陪伴宝宝，比如与宝宝一起做游戏或者说话等。

（2）如果宝宝是因为长牙而吸吮自己的舌头或者嘴唇，该怎么

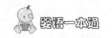

办呢?

可用奶嘴或者牙胶等宝宝用品来满足宝宝的吸吮需求。

在使用这些宝宝用品时一定要注意器具的清洁卫生。

可以帮宝宝按摩一下牙龈,以此来缓解宝宝因长牙出现的不适,这时我们必须注意双手的干净清洁。

可以给宝宝一些磨牙饼干或者磨牙棒,让宝宝磨一磨牙龈,以此来纠正宝宝吸吮嘴唇的习惯。

(3) 为了增强孩子的安全感,我们需要做的有哪些?

多抱宝宝,在婴幼儿时期,宝宝很需要来自妈妈的拥抱,妈妈抱着宝宝的时候,宝宝能感受到妈妈的体温,也能听见妈妈的语言,宝宝与妈妈之间也能有眼神的对接,这对宝宝来说都是温暖的感情交流。这一切都让宝宝感到安全和愉悦。不要只在喂奶或者宝宝哭的时候抱他,当他醒的时候,妈妈最好也能抱抱宝宝,

多抚摸宝宝,如皮肤触摸的需求得不到满足的话,就会出现"皮肤饥饿感",而这种感觉在婴幼儿时期的表现尤为明显。从小照料宝宝的人,宝宝会对她(他)形成依赖感,如果得到来自熟悉的人的抚摸,宝宝也会产生一种愉悦感与安全感。

多和宝宝进行交流,宝宝从一出生就有了与人交往的能力,也渴望得到自己熟悉的人的交流,当然,主要是来自家人的交流。很多大人都有一个误区,以为孩子听不懂也不会说话,没有必要和宝宝进行交流,这样的想法是错误的,父母跟孩子的交流,可以很好的刺激孩子的视觉和听觉等感官,宝宝也从这样的交流中可以得到父母对自己的关怀和爱。

多与孩子做游戏,在宝宝很小的时候,家长就可以尝试与宝宝

做一些简单的小游戏，游戏的方式有很多种，比如对宝宝唱歌，让宝宝感受大人温暖的声音；轻轻地按摩宝宝，可以使宝宝产生较舒适愉快的感觉；当宝宝稍微大一些时，可以与宝宝一起玩玩具，或者用自己的肢体逗宝宝等，这都能让宝宝感受到来自大人的关怀，也会让他感到安全。

◆婴语小结：关爱生物钟，给孩子一个安睡空间

宝宝在婴幼儿时期，好像除了吃就是睡，他们总是有很多的睡眠，是不是宝宝睡着了就没事了？是不是宝宝睡着了就代表睡得很安稳了？当然不是这样的，宝宝的睡眠对他们的成长非常重要，所以一定要让宝宝有一个好的睡眠。睡觉不是宝宝睡着这么简单，宝宝要怎么睡？什么时间睡？这都是学问，都需要我们严加注意。

说到这里，怎样给宝宝一个安稳的睡眠，是我们都想知道的问题，要解决这样的问题，首先需要我们关注宝宝在睡觉之前和睡觉的过程中出现的各种表现，如宝宝头颅不断地摩擦枕头、闹觉、失眠、夜惊、睡觉时呼吸声音重等，这些都是关于宝宝睡眠的一些具体的表现，而这些表现直接关系着宝宝是否会有一个良好的睡眠，是否能够建立一个良好的生物钟。

因此，我们对于以上这些宝宝在睡觉时的表现要有一个深度的理解与认识。

只有妈妈明白了宝宝出现某种情况的原因是什么，然后才能很好地为宝宝解决相应的问题，才能让宝宝有一个安稳的睡眠，提高宝宝的睡眠质量，让宝宝甜美地去休息。

参考文献

［1］特蕾西·霍格. 婴语的秘密：美国超级育婴师特蕾西·霍格教您带出一个聪明宝贝［M］. 邱宏，译. 天津：天津社会科学院出版社，2011.

［2］鲁稚. Baba 不是爸爸——宝宝婴语知多少［M］. 北京：中信出版社，2011.

［3］幼君. "婴语" 单词表［M］. 北京：中国人口出版社，2011.

［4］东方知语早教育儿中心. 孕产婴护理小百科［M］. 上海：上海科学技术文献出版社，2011.

［5］简媜. 红婴仔［M］. 北京：文化艺术出版社，2011.